智元微库
OPEN MIND

成 长 也 是 一 种 美 好

清晰思考

将平凡时刻
转化为
非凡成果

CLEAR
THINKING

Turning Ordinary
Moments into
Extraordinary Results

Shane Parrish

［加］沙恩·帕里什　著

郭红梅 译

人民邮电出版社

北京

图书在版编目（CIP）数据

清晰思考：将平凡时刻转化为非凡成果 ／（加）沙恩·帕里什（Shane Parrish）著；郭红梅译． -- 北京：人民邮电出版社，2024.6
ISBN 978-7-115-63948-6

Ⅰ.①清… Ⅱ.①沙… ②郭… Ⅲ.①思维方法—通俗读物 Ⅳ.① B804-49

中国国家版本馆 CIP 数据核字（2024）第 052136 号

版权声明

◆　　著　　［加］沙恩·帕里什（Shane Parrish）
　　　　译　　郭红梅
　　责任编辑　张渝涓
　　责任印制　周昇亮
◆人民邮电出版社出版发行　　北京市丰台区成寿寺路 11 号
　邮编 100164　电子邮件 315@ptpress.com.cn
　网址 https://www.ptpress.com.cn
　天津千鹤文化传播有限公司印刷
◆开本：880×1230　1/32
　印张：9.75　　　　　　　　　2024 年 6 月第 1 版
　字数：220 千字　　　　　　　2025 年 8 月天津第 7 次印刷
　　　　著作权合同登记号　图字：01-2024-0529 号

定　价：69.80 元
读者服务热线：（010）67630125　印装质量热线：（010）81055316
反盗版热线：（010）81055315

前言

从 2001 年 8 月开始，我进入一家情报机构工作。几周后，世界发生了翻天覆地的变化。

我所在机构里的每个人都突然发现自己被推上了风口浪尖，进入了自己尚未准备好的岗位，承担起尚未准备好承担的责任。就我个人而言，我需要在工作中不断摸索如何去做一些此前很少有人想到的事情。我需要解决的新问题不仅复杂，而且往往人命关天。我不能出错，也不能失败。

一天晚上，在一次行动结束后，已经是凌晨 3 点，我走在回家的路上。我参与的行动结果并不尽如人意。我知道，第二天一早，我必须面对上司，解释发生了什么事，以及我在做出选择时心里是怎么想的。

我是否考虑清楚了一切？我是否遗漏了什么？我又是怎么知道这些的？

我的想法将赤裸裸地展现在大家面前，让所有人来评判。

第二天，我走进上司的办公室，向他解释了我的想法。说完后，我告诉他，我还没有准备好做这份工作，也没有准备好承担这份工作所要求的责任。上司放下笔，深吸了一口气，说："沙恩，没有人能胜任这份工作。但是咱们现在只有你和这个团队能顶上去。"

他的回答并不真的让我感到欣慰。他说的"团队"一共只有 12 个人，每周工作 80 小时，已经如此持续了数年。上司说只有这个团队，是说我们这个团队是这家机构几代人以来新启动的最重要的项目。短暂的会面结束后，我头晕目眩地走出了上司的办公室。

那天晚上，我开始问自己一些问题，而且在接下来的 10 年里，我也一直在探索这些问题。人们如何才能更好地进行理性思考？为什么有人会做出错误的决策？在拥有的信息一样的情况下，为什么有些人总是能比其他人获得更好的结果？当生命危在旦夕、千钧一发之时，我怎样才能更频繁地做出正确判断，并降低出现错误结果的概率？

自我工作以来，在我的职业生涯中，我一直相当幸运，虽然我希望这种幸运能够继续下去，但我也想减少对运气的依赖。如果存在一种方法，能让我思路清晰、判断力强，那我自然想学会并用好这种方法。

我想，你可能和我一样，没有人教过你如何思考或做决策，而且学校里也没有叫作"清晰思考 101"的通识课。每个人似乎都希望你在这方面无师自通，不用别人教就已经知道如何去做了。但事实证明，学习如何思考——清晰地思考——出奇地难。

于是，自那之后，在接下来的几年里，我一直致力于学会如何更好地思考。我仔细观察人们如何在实践中获取信息、进行推理并实施行动，他们的行动又如何产生或积极或消极的结果。是有些人比其他人更聪明吗？还是他们有更好的系统或做法？在重要时刻，人们能意识到自己的思考质量吗？我怎样才能避免明显的错误？

我旁听很多高管的会议。我安静地①坐在那里，聆听他们的想法，看他们把哪些东西视作重要的，原因何在。我阅读一切有关认知的书籍，与一切愿意接我电话的人交谈。

我到处咨询行业巨头，他们似乎总是能在别人无法思考的时候让思路保持清晰。他们似乎知道一些不广为人知的事情，而我决心找出其中的奥秘。

当一般人都在竞相希望获胜的时候，世界上最优秀的一批人却认识到，他们必须先避免失败，才能赢得胜利。事实证明，这个策略极其有效。

为了对我的学习进行分类，我创建了一个匿名网站，名为"法纳姆街"，是为了致敬查理·芒格（Charlie Munger）

---

① 好吧，我大多数时候是安静的。

和沃伦·巴菲特（Warren Buffett）。[①] 这两个以做出判断为生的人，对我看待这个世界的方式产生了深远的影响。

多年来，我有幸与我的偶像查理·芒格和丹尼尔·卡尼曼（Daniel Kahneman），以及比尔·阿克曼（Bill Ackman）、安妮·杜克（Annie Duke）、亚当·罗宾逊（Adam Robinson）、兰德尔·施图特曼（Randall Stutman）和凯特·科尔（Kat Cole）等大师级人物就思考和决策制定进行过交流，其中许多对话都公开发布在《知识项目》（*The Knowledge Project*）播客中。也有一些对话，比如我与芒格的谈话，则暂时不能公开。不过，在与我交谈过的所有人中，没有人比我的朋友彼得·D.考夫曼（Peter D. Kaufman）对我的思想和理念影响更大。

我俩上千次的交谈让我获得了一个重要的启示。

为了达到目的、获得想要的结果，我们必须做好两件事。首先，我们必须在思想、情感和行动中创造出清晰思考的空间；其次，我们必须有意识地利用这一空间进行清晰思考。一旦掌握了这项技能，你就会发现自己拥有了不可阻挡的优势。

通过清晰思考做出的决策会让你处于越来越有利的位置，

---

① 由沃伦·巴菲特担任首席执行官、查理·芒格担任副董事长的伯克希尔-哈撒韦公司（Berkshire Hathaway）总部位于美国内布拉斯加州奥马哈市的法纳姆街上。

成功也会从此变得水到渠成。

本书是一本掌握清晰思考方法的实用指南。

本书的前半部分讲述如何为清晰思考创造空间。首先，我们要找出清晰思考的敌人。你将了解到，我们自以为是"思考"的过程，其实大多是不包含理性思考因素的"反应"，是我们这个物种为了保护自己而进化出来的生物本能。当我们不假思索地做出反应时，我们就有可能弱化自己应该坚持的立场，选择也会变得越来越糟糕。但是，当我们把生物本能触发的反应仪式化时，我们就创造了清晰思考的空间，并能强化我们的立场。然后，我们要阐明一些实用的、可操作的方法，让你既能管控自己的弱点，又能增强自己的优势，这样，当你面临压力时，你依旧能持续创造思考的空间。

本书的后半部分讨论的是如何将清晰思考付诸实践。一旦你学会了强化自己的优势并管控自己的劣势——当你在思考和行动之间创造了暂停的空间时——你就可以将清晰的思考转化为有效的决策。在第四部分中，我将与你分享一些非常实用的解决问题的工具。

最后，当你掌握了相应的技巧，让自己的默认值（也叫默认设置，就是你的天性赋予你的默认反应方式）为己所用，而不是与你作对，并最大限度地利用你的理性思维这一工具时，我将转向下一个问题——它也许是所有问题中最重要的一个——你的目标到底是什么。如果目标不是为了达成正确的结果，世界上所有成功的执行操作就都是没有价值的，但你如何确定什么是正确的结果呢？

顺着本书的思路，一路走来，我会向你展示什么才是最有效的思考方法，而这种方法很少有人提及。本书不会使用华丽的术语、复杂的电子表格或酷炫的决策树来展示观点。相反，我们将专注于讨论我从别人那里学到的或我自己发现的，并在来自不同组织、文化和行业的数千人身上测试过的实用技能。

我们将共同补全行为科学与现实世界的结果之间缺失的联系，将平凡的时刻转化为非凡的结果。

本书提供的经验简单、实用，且恒久有效。这些内容大量借鉴了他人的智慧和我自己的实践经验。我依靠这些经验和见解，在曾经供职的机构内部做出了更好的决策，创立并扩展了许多业务，更出人意料的是，在有了孩子后，我也成了一位更好的父亲。如何使用这些策略，完全取决于你。

如果说我的人生遵循什么格言的话，那就是"重视别人已经摸索出的经验并掌握其精华"，而本书就是对这一信念的致敬。我已经尽我所能，对一些想法追根溯源，告诉了你其首倡者姓甚名谁。其中可能有些遗漏，如遇此种情形，我深表歉意。如果你将本书阐述的方法付诸实践，它们就会成为你的一部分。20 年来，我与世界上最优秀的一群人进行了数千场对话，读过的书也多得数不清，所以，要记住所有材料的来源并不容易。大多数内容都已经深深地扎根在我的无意识之中。我大可以放心地假定，这本书中任何有价值的内容都来自别人的卓越见解，而我的主要贡献就是把自己从前辈那里学到的东西拼合起来，提供给全世界。

清晰思考在平凡时刻的力量

平凡时刻发生的事情决定着你的未来。

通常，我们受到的教诲总是让我们关注重大决策，并忽略那些微不足道的时刻——在那些不起眼的时刻，我们甚至没有意识到自己正在做出选择。但实际上，这些平凡的时刻往往比重大决策对于我们的成功更重要。好吧，这一点乍听起来可能很难理解。

人们一般都认为，只要把大事做好，其他的一切都会水到渠成。比如，选对了结婚对象，日子就会好起来；选择了正确的职业，我们就会幸福；选择了正确的投资对象，我们就会变得富有……这样的智慧，充其量只是部分正确。你当然可以和世界上最棒的人结婚，但如果你认为在那之后幸福生活理所当然会到来，那你就大错特错了；你可以选择最好的职业，但如果你不努力工作，就不会得到任何机会；你也可以选择最合适的投资对象，但回头看看自己的储蓄账户，可能会发现自己没有存款，无从投资。即使我们在重大决策上方向正确，也不能保证得到想要的结果。

人们往往不会把平凡时刻的决策当作有价值的决策。在公司会议上，当我们对同事的评价做出过激反应时，没有人会及时地拍拍我们的肩膀，让我们冷静下来，并告诉我们，我们这么做是在火上浇油。当然，如果我们事先知道自己的冲动反应会让情况变得更糟，恐怕就不会这么做了。没有人会为了逞一时之勇，而以牺牲未来的十年为代价。然而，在实际生活中，事情却往往会这样发展。

清晰思考的敌人——我们天性中更原始的那部分——让我们难以看清眼前发生的事情，还会让我们的生活面临更多挑战。如果我们在会议上对同事做出了情绪化的反应，事后就必须做出补偿。如果我们做的决策只是图一时之快，只是为了证明自己绝对正确，而不是为了获得最好的结果，到头来收拾烂摊子的也只能是我们自己。如果我们在周五和伴侣争吵，整个周末可能都泡汤了。要是我们感到精力不足、压力巨大，一直在忙忙碌碌，那又能怪谁呢。

在大多数平凡时刻，都是形势在推着我们走。可在当时当地，我们是意识不到这一点的，因为这些平凡时刻看起来太微不足道了。然而，当几天变成几周，几周变成几个月，这些时刻的积累会让我们更容易或更难以完成目标——取决于我们当时是怎么反应的。

你在每一个这样的时刻所做的反应，都会让你在应对未来时处于更好或更糟的位置。正是这样一次次的定位，最终让生活变得更容易或更艰难。如果我们的自我占据上风，总想向别人展示自己才是老大，未来就会变得更加艰难。如果我们在工作中对同事进行被动攻击，我们和同事的关系就会变得更差。虽然这些时刻在当时看起来似乎并不重要，但它们会影响我们现在的位置。而我们现在的位置则决定了我们的未来。

处于好的位置，你就能清晰地思考，而不是受环境影响、被形势所迫，匆忙做出决策。世界上最优秀的那些人总是能做出好的决策，原因之一就是他们很少因环境和形势所迫而匆忙做出任何决策。

如果能在选择位置的时候就胜人一筹，你就不需要比别人更聪明。任何人在处于有利位置时都会显得像个天才，而即使是最聪明的人，在处于不利位置时也会显得像个白痴。

要想改善判断，最好的办法就是选择好的初始位置。比如，资产负债表上有充足现金而且负债率低的公司，怎么选都是好的选择。如果天时不利（毕竟，厄运总是会到来），把它们作为选择就更好了。因为对比之下，缺少现金、债台高筑的公司只会是糟糕的选择，而且情况很快就会由糟变得更糟。在公司之外，也有很多类似的例子。

处于有利位置的人，时间会是他的朋友，他做事也就从容；反之，处于不利位置的人，时间是他的敌人，他做事会更加草率。当你处于有利位置时，条条大路都能通向成功；当你处于不利位置时，你可能只剩一条路可走。这有点像玩俄罗斯方块：玩得好时，你有很多选择来放置下一个方块；玩得不好时，你就急需一个形状匹配的方块来解燃眉之急。

很多人都忽略了一点：过往很多平凡时刻所做的决策将你带到了此刻的位置，而此刻的位置决定了你此刻的选择。能够清晰地思考是使你能占据有利位置的关键，它能让你驾驭环境，而不是被环境所驾驭。

你现在具体处于什么样的位置并不是决定性的，重要的是你今天是否在改善自己的位置。

每一个平凡时刻都是让未来变得更容易或更困难的机会。一切都取决于你是否在清晰地思考。

目 录 CONTENTS

致谢

第一部分
清晰思考的大敌

　　永远不要忘记，你的无意识比你更聪明，比你反应更快，比你更强大。它甚至可以控制你。你永远不会知道它所有的秘密。

　　　　　　　　　　——科迪莉亚·法恩（Cordelia Fine）

　　　　　　　　　　《大脑里的8个骗子》

　　　　（*A Mind of Its Own: How Your Brain Distorts and Deceives*）

　　我先听到的是大喊大叫。一般来说，任何人在走近公司CEO 的办公室时，都不会想到会听到有人在大喊大叫。这位CEO 不一样。

　　我走进他的办公室，把公文包放在桌子上，在他正对面坐下来。他当我不存在一样，并没有跟我打招呼。我已经为他工作了好几个月，知道他会这样，但他的这种行为还是让我感到局促不安。

　　我是他选定的左右手，几乎所有文件都要先经过我才会送到他手上，所有人都要先通过我才能找到他，所以这通电话才这么耐人寻味。这通电话不在他的日程表上。

不管他在和谁说话，总之这场谈话气得他满脸通红。我以往吃过苦头，经验告诉我，在这种时候，不要打断他，也不要劝他放松一下。如果我这么做了，准会引火烧身。

他挂断电话，看着我的眼睛。我知道我得马上说点什么，不然他就会因为不得不接听这个计划外的电话而开始冲我大喊大叫。

"出什么事了？"我问道。

"得让他们明白自己的身份。"他说。

我不知道电话那头的人是谁，不过我觉得，能惹他这么生气，对方很可能是不熟悉他的人。在这位 CEO 手底下工作过的人都知道，不要告诉他任何可能令他不快的事情，这样日子会好过一些。所谓可能令他不快的事情，包括坏消息、与他的理念相冲突的想法，当然也包括在他把情况弄得更糟糕时劝他停下来。

不过，其实他也不会再在办公室里接这样的电话了。刚刚过去的这个平凡时刻改变了一切。

原来，刚才电话那头的人是在紧急汇报一个将对公司产生严重后果的问题。可是，当他把自己和同事的担忧说出来后，却遭到了愤怒的训斥，结果，打电话的人和同事一商量，决定把这些担忧报告给董事会。不久之后，这位 CEO 被解雇了。

　　虽然我很想告诉你，他之所以被解雇，是因为他不冷静的行为直接造成了这样的后果，但我们都知道，事实并非如此。他被解雇是因为他没有针对电话那头的人告诉他的信息采取行动，因为他的自负不允许他放下架子，仔细倾听。如果他当时能做到清晰思考，可能就不会丢掉这份工作了。①

① 为了保护当事人的身份，此处对故事的部分细节做了修改。本故事的整体脉络都是真实的。

没认真思考——还是根本没思考

如果你不知道在什么时候使用自己的理性，理性就被浪费了。

如果你问人们，该如何提高思考能力，他们通常会想到许多旨在帮助人们更理性地思考的工具。书店里到处都是有关理性思考的书，这些书总是假设问题出在我们的思考能力上。书中列出了为了做出更好的判断，我们应该采取哪些步骤，以及应该使用哪些工具。如果你知道自己应该积极思考，这些书可能会有帮助。

通过在日常生活和工作中观察人们的行为，我了解到，就像前面提到的那位愤怒的 CEO 一样，他们往往没有意识到，当时所处的情况在代替他们思考。在那样的时刻，我们都希望自己脑海中能有个声音说："停下来！ 现在你需要好好思考思考！"

因为我们不知道自己应该思考，所以我们把控制权交给了自己的冲动。

在刺激和反应之间，会出现以下两种情况之一：你可以有意识地暂停，理性对待当时的情况；或者，你可以交出控制权，执行"默认值影响下的行为"。

问题是，我们的默认值往往会使事情变得更加糟糕。

有人轻视我们时，我们会恶语相向；有人打断我们时，我们会认为他们心存恶意；事情进展的速度慢于预期时，我们会变得沮丧、缺乏耐心；有人对我们进行被动攻击时，我们会上当，接下来事情会进一步恶化。

在做出上述反应的时刻，我们没有意识到自己的大脑已经被生物本能劫持，而事情的结果会与我们的期待背道而驰；我们没有意识到，自己把信息秘密囤积起来以获得优势，会伤害整个团队；我们没有意识到，我们在应该独立思考的时候，却在顺从集体的想法；我们也没有意识到，瞬间的情绪使我们做出的反应会带来后续的诸多问题。

因此，要想改善结果，第一步是训练自己，让自己一开始就能识别出需要做出判断的时刻，并暂停下来，创造空间让自己进行清晰思考。做这样的训练需要付出大量的时间和努力，因为我们需要与人类经过多个世纪的进化获得的固有的生物默认值相抗衡。但是，掌控那些能够使未来变得更容易或更艰难的平凡时刻不仅是可能的，而且是你能够成功并实现长期目标的关键因素。

情绪失控的高昂代价

未经深思熟虑就贸然做出反应，只会使情况变得更糟糕。

让我来讲一个我已经目睹过无数次的常见情况。一个同事在公司会议上对你主持的项目不屑一顾，你本能地反唇相讥，贬低这个人或是他的工作。你并非有意识地做出这样的回应，但就是这么做了。甚至在你尚未意识到发生了什么的时候，伤害已经无可挽回地造成了。不仅你的人际关系会受到影响，而且会议也会偏离主题。

然后，为了恢复之前的状态，你还要额外耗费大量的精力，因为你需要修复人际关系，要重新安排被打断的会议，可能还需要和其他参会人员谈一谈，以消除误会。即使你如此这般地做了一番补救，你的处境可能还是远不如从前。每个当时在场的人，以及事后通过他们听说了当时情况的人，都在无意识中接收到了一个信号，这个信号会破坏他们对你的信任。而想要重建这种信任，你要在今后的几个月里持续谨言慎行。

为了弥补自己的错误，你需要花费大量的时间和精力，这不可避免地会影响你实现自己的目标。想想看，如果能将更多的精力用于实现自己的目标，而不是用来弥补自己的错误，是不是会让你有巨大的优势？学会清晰思考的人最终能比不会清晰思考的人拿出更多的精力用于获得自己想要的结果。

不过，如果你无法管理你的默认值，你就很难清晰地思考。

人的生物本能

生物本能简直无比强大，它们经常在我们毫不知情的情况下控制我们。如果无法和它们友好相处，我们只会更容易受到它们的影响。

人们有时会以最坏的方式对眼前的情况做出反应。对此，如果你觉得难以理解，那么请让我告诉你，此时问题并不在于你的大脑。你的大脑正是按照生物本能为它编制好的程序去做的：快速有效地对威胁做出反应，不要浪费宝贵的时间去思考。

如果有人闯进你家，你会本能地站在你的孩子和闯入者之间；如果有人面露狠色地靠近你，你会自然而然地紧张起来。同理，如果感觉到自己的工作岌岌可危，你可能会下意识地开始囤积信息。你的动物大脑相信，如果你是唯一一个知道如何做手头这份工作的人，老板就不会解雇你。是生物学的特征，而不是你的理性思维，告诉你该做什么。

当我们这些不假思索的反应使情况变得更糟糕时，我们大脑里的那个小声音就会开始敲打我们："你在想什么呢，白痴？"真相是，你根本没有在想，而是在做出反应，就像动物一样的本能反应。你的大脑并没有在控制你，控制你的是你的生物本能。

而我们的生物本能倾向是与生俱来的。[①] 这些生物本能倾向对史前人类曾经很有帮助，但如今，它们却往往会妨碍我们。从亚里士多德和斯多葛学派到丹尼尔·卡尼曼和乔纳森·海特（Jonathan Haidt）[②]，很多哲学家和科学家都对这些永不过时的人类行为进行过描述和讨论。

例如，像所有动物一样，**我们天生就有保卫领地的倾向**。我们可能并不会保卫非洲大草原上的一块土地，但是领地不仅仅指物质的、有形的土地，也指心理上的区域。我们的身份也是领地的一部分。当有人批评我们的工作、职位或我们看待自己的方式时，我们会本能地将自己封闭起来，或者为自己辩解。当有人挑战我们的信仰时，我们就会停止倾听并发起攻击。做这些事情时，我们不会思考，只是出于纯粹的动物本能。

我们天生就倾向于把世界组织成一个等级体系。这样做

① 谢谢你，彼得·考夫曼，我们就此进行的多次对话启发了我的思考。
② 海特是美国著名的社会心理学家。——译者注

有助于我们理解这个世界并坚持我们的信仰，而且通常可以让我们感觉更舒适。但是，如果有人侵犯我们在这个世界上所处的位置，或者挑战我们对这个世界如何运作的理解，我们就会不假思索地做出反应。比如，开车的时候，如果有人在路上突然切入你的车道，你可能会爆发路怒症，这是你的无意识思维做出的反应："你算是老几啊，敢抢我的车道？"你做出这样的反应是因为你固有的等级观念受到了威胁——在路上，所有的驾驶者都是平等的，都应该遵守同样的规则。抢道行为违反了这些规则，而且暗示抢道的人地位更高。[①] 等级意识还有很多种表现。比如，当你对孩子们感到无可奈何的时候，会用"因为这是我说的"来结束争论；或者，在办公室里你可能会说："因为我是这里的老板。"在这些时刻，你已经停止了思考，而退回了重申等级制度的生物倾向中。

我们会自我保护。大多数人都不会为了去自己想去的地方而故意推倒别人。[②] 这里的关键词是"故意"，因为说到"故意"，就肯定与思考有关。当我们受到刺激而停止思考时，保

---

① 我很确定这个例子最早是从吉姆·罗恩（Jim Rohn）那里听到的，不过我没找到具体出处。（吉姆·罗恩，1930—2009，被誉为美国最杰出的商业哲学家，成功学之父、成功学创始人。代表作品有《快乐致富——获得财富与快乐的7个策略》。——译者注）

② 当然，泰勒·斯威夫特（Taylor Swift）的歌曲《不如复仇》（*Better Than Revenge*）写给的那个人除外。

护自己的欲望就会占上风。当公司裁员迫在眉睫时，本来正直的人很快也可能会为了保住工作而出卖同事。当然，这些人不是有意识地想去伤害他们的同事，但如果涉及"他人还是自己"，人们往往会确保自己能成为最终的赢家。这就是生物本能。

我们的生物本能提供了一种自动反应机制，让我们无须进行有意识的处理就能做出这种反应。毕竟，这是本能嘛！

有意识的处理既花时间又耗精力。进化青睐从刺激到反应的捷径，因为这些捷径对群体有利：它们能增强群体的适应性，提高群体的生存能力和繁衍能力。随着人类群体的蓬勃发展，等级制度发展起来，从混乱中创造出了秩序，并给每个人安排好了位置。领地意识其实有助于我们免于和他人争斗——你远离我的领地，我就远离你的领地。自我保护意味着我们优先选择生存，而不是规则、规范或习俗。

当你将镜头从整体拉近到个体，从进化的长河拉近到现在要做决策的时刻，问题就出现了。在当今世界，基本的生存已经不再是问题，而曾经有利于我们生存的生物本能现在却常常成为将我们固定在原地的锚，弱化了我们的位置，让事情变得更难以处理。

了解你的默认值

虽然我们有许多本能，但在我看来，有四种本能最为突出、最为独特，也最为危险。这些本能行为所代表的东西近似于我们大脑的默认值或"出厂设置"。它们是通过自然选择写进我们 DNA 的行为程序的，除非我们停下来花时间思考，否则我们的大脑在受到刺激时会自动执行这些程序。这些默认值有很多种叫法，但是在本书中，我选择称它们为"情绪默认值""自我默认值""社会默认值"和"惯性默认值"。

每种默认值在根本上发挥作用的方式如下。

◉ 情绪默认值：我们倾向于对情绪而不是对原因和事实做出反应。

◉ 自我默认值：我们倾向于对任何威胁到自我价值感或自己在团体等级制度中的地位的事情做出反应。

◉ 社会默认值：我们倾向于遵循更大的社会群体的规范。

◉ 惯性默认值：我们会养成习惯，追求舒适。我们倾向于抵制变化，我们更喜欢熟悉的想法、过程和环境。

这些默认值之间没有明显的界线，它们常常相互渗透。

每种默认值本身就足以造成非受迫性失误[①]，而当它们共同作用时，情况很快会变得越来越糟。

　　能够掌控自己默认值的人在现实生活中会得到非常好的结果。这并不是说他们没有脾气或没有自我，他们只是知道如何控制它们，而不是被它们控制。能在今天的平凡时刻清晰地思考的人总是能为明天赢得一个好位置。

　　在下一节中，我将概述这些默认值在人类行为中是如何显现的，以及当它们在你的生活中发挥作用时，如何能识别出它们。在将默认值纳入考虑范围之后，你不仅更容易理解自己过去的行为，而且在别人对这些默认值做出反应时，你也能够学会识别它们。

[①] 网球术语，也可以叫主动失误，指在网球比赛中，选手自身主动失误造成回球下网或出界，而与对手无关。——译者注

情绪默认值

　　《教父》是我最喜欢的电影之一，部分原因是这部电影中包含了许多商业经验。柯里昂黑帮家族的首领维托·柯里昂（Vito Corleone）是一位耐心和自律方面的大师，他能控制好自己的默认值，从来不会不假思索地做出反应，而当他做出反应时，必定冷酷无情且有效。

　　维托的大儿子桑蒂诺（Santino），小名桑尼，是维托理所当然的继承人。然而，与其父亲不同的是，桑尼复仇心重，容易冲动，急躁鲁莽。他很容易为一点小事就勃然大怒，是"先行而后思"的那类人。他所犯的非受迫性失误让他付出了惨重的代价。

　　情绪默认值控制了桑尼，而他并没有意识到这一点。有一次，他当众殴打了他的妹夫卡洛·里齐（Carlo Rizzi），这一举动日后带来了意想不到的后果。还有一次，一个敌对家族找维托谈合作，维托婉言谢绝了。但桑尼不假思索，迅速做出了反应——他打断了谈话，然而，这一举动动摇了他父亲的地位。这次会面之后，维托给儿子上了一课："永远不要再把你的想法告诉家族以外的人。"但这堂课上得太晚了，伤害已经无可挽回。对方断定，如果能除掉维托，桑尼就会接受这笔交易。桑尼的轻率导致了一次企图夺走维托生命的刺杀行动，维托因此身受重伤。

在维托住院期间，桑尼成了家族的代理族长。他受到自己冲动本性的控制，开始与其他家族全面开战。与此同时，桑尼的妹夫卡洛·里齐还在因为桑尼曾在他的手下面前殴打自己而心怀怨恨，于是他和一个敌对家族合谋要干掉桑尼。卡洛诱使桑尼不假思索地做出反应，最终导致桑尼在琼斯海滩的堤坝上被残忍刺杀。

桑尼的急躁脾气最终使他丢了性命。和他类似，很多人也因脾气急躁而垮台。当我们不假思索地做出反应时，我们更有可能犯下事后看起来显而易见的错误。事实上，当我们做出情绪化的反应时，我们常常根本没有意识到当时的情况需要冷静地思考。如果你被当时的情况所控制，世界上所有的理性思考方法都帮不了你。

从情绪到行动

每个人身上都有一点桑尼的影子。当你感到愤怒、恐惧或其他情绪时，你忍不住要马上采取行动。但在这些时候，凭感觉认为需要采取的行动往往是对你不利的。

对竞争对手的愤怒会使你无法从最有利的角度采取行动；对失去机会的恐惧会使你缩短思考时间，从而冲动行事；因受到批评而发怒会让你在辩解时猛烈抨击别人，而这样会使潜在的盟友疏远你。诸如此类的例子不胜枚举。

情绪化的反应会使你所有的进展归零。不管你在某件事上付出了多少心力、做了多少工作，都可能在一瞬间化为乌有。一旦冲动行事，没人能够幸免这样的后果。比如奥运选手马修·埃蒙斯（Matthew Emmons），他很有天赋，在竞技步枪射击领域占有绝对优势。在他做好准备要赢得第二块奥运金牌时，情绪默认值和他开了个大大的玩笑。这一次，埃蒙斯进入了最后一轮比赛。他开始瞄准——开枪——正中靶心！唯一的问题是：他射错了靶子！如果他打中的是自己的靶子，他就会赢得金牌。但他打在了别人的靶子上，自然地被判为零分，总分一下子滑到了第八名。

事后，埃蒙斯说，他通常在比赛时都会通过步枪瞄准镜看一下靶子上方的数字，确保是自己的靶子，然后再放低步枪，对准靶心。这一次，他跳过了关键的第一步。

"那一枪，"他说，"我光想着让自己冷静下来了……结果却根本没看靶子上的数字。"他的这个失误就是情绪默认值造成的。

虽然埃蒙斯在那次奥运会上的失利令人印象深刻，但与我的一位前同事的人生悲剧相比，它就显得微不足道了。我们姑且叫这位同事史蒂夫（Steve）吧。我注意到，在工作晚宴上一提到有关政治的话题，史蒂夫似乎总是缄口不语。有一天，我避开团队的其他人，问他为什么一说起政治话题就三缄其口。

他给我讲了发生在自己身上的故事，我听了终生难忘。

一天晚上，史蒂夫的父母过去找他吃饭，当他们开始谈论政治和税收时，谈话的言辞变得激烈起来。史蒂夫的情绪很快占了上风，他说了一些很可能违背了他本意的话，一些我们在做出反应而不是在思考时可能会说的话。但这些话一经说出，就无法收回了。

没想到，那竟成了他与父母的最后一次谈话。他父母在开车回家的路上，被一个醉酒司机驾车迎面撞上，两人当场丧生。直到今天，史蒂夫还是会经常想起那个夜晚。那是一段挥之不去的记忆，一个令他永远后悔的平凡时刻。

情绪甚至可以使我们之中最优秀的人变成白痴，使我们无法清晰思考，而且，这些情绪往往还有同伙，唆使它们添乱。

稍后我们将讨论一下人类所具有的许多内在的生物本能的弱点，这些弱点使我们更容易受到情绪默认值的影响：睡眠不足、饥饿、疲劳、情绪、分心、因感觉到被催促或处于陌生环境中产生的压力。如果你发现自己有以上任何一种情况，要提高警惕！情绪默认值很可能正在发挥作用。我们还将探讨一下，当你处于此类情况下时，可以用哪些措施来保护自己。

自我默认值

让我们说回《教父》，里面的人物卡洛·里齐体现了另外一种默认值：自我默认值。

卡洛与维托的女儿康妮（Connie）结了婚，于是他成了柯里昂家族的一员。作为一个外来者，他在"社会等级"中的地位相对较低。他是一个骄傲且自我的人，随着时间的推移，他对自己在家族生意中的边缘角色感到越来越沮丧。这种沮丧促使他采取了一些不可原谅的行动。

自我默认值会使我们不惜一切代价地提升和保护自己的自我形象，这种事情在生活中时有发生。

在卡洛这个例子中，他意识到自己在家族中地位低下，再加上他想要维护他的自我形象（"我能胜任的工作远远超过现在所做的，可是他们不让我做"），这就导致了他最终的背叛。卡洛从没打算从内部拆散柯里昂家族，他只是希望自己在家族中的角色能与他的自我认知一致。他因自己每天被视为次等人而感到愤怒，这引发了他本人也完全未曾预料到的连锁反应。

表面上的成功 vs 实际上的成功

并非所有的自信都是一样的。有时，自信来自成功运用深厚知识创造的业绩纪录；有时，自信则来自读完某篇文章得到的肤浅知识。令人惊讶的是，"自我"常常把不劳而获的知识变成鲁莽的自信。

一知半解，对什么都只懂一点点，其实挺危险的——我的一个孩子就为此付出了"惨痛"的代价。他不想写法语作业，因为太花时间，也太耗精力了。然后他意识到，其实可以先用英语写，再把作业用在线翻译器翻译成法语。我问他怎么这么快就把法语作业做完了，他告诉我作业很简单，然后就蒙混过关了。当然，他的法语老师发现了他的作弊行为，给了他零分。

自我往往诱使我们认为自己比实际上更优秀。如果不对自我加以约束，它会把自信变成过度自信，甚至傲慢。比如，有的人刚刚在互联网上学到了一点知识，就一下子变得狂妄自大起来，以为一切都很容易。而结果是，这样的人在冒着一些自己可能都不理解的险。所以，要获得自己渴望的结果，我们就必须抵制这种"不劳而获"的自信。

最近，我听了一个讲座，讲的是无家可归者日益增多的情况。讲座结束后，坐在我旁边的人立即口若悬河地评论起来，认为要解决这个深刻而复杂的问题其实很容易。他因为脑子里的一点点不知从哪里来的自信而忘乎所以。基于肤浅的认识，他认为这个问题很容易解决。而那些通过勤奋学习获得知识、有真才实学的人，却认为这个问题一点都不简单。这是因为，他们对实际情况的了解更透彻。

未经努力轻易得来的知识会使我们倾向于匆忙做出判断，以为"这事儿我懂"。我们还总是劝自己相信，低概率事件其实基本上就等于零概率事件，因此只需要考虑最好的结果。我们新获得的（虚假）自信让我们以为自己不会遭遇厄运。至于有些糟糕的事发生在了别人身上，那是他们不走运，而这样的事绝不会发生在自己身上。

然而，盲目的自信不会减小糟糕结果发生的可能性，也不会增大好结果发生的可能性，它只会让我们对风险视若无睹。妄自尊大也会使我们对维持或提高自己在社会等级中感知的地位特别在意，而不再努力拓展自己的知识或提升自己的技能。

在工作中，我们可能不愿意赋能或是分权给别人，其中一个原因是，让他人依赖自己、由自己做出每一个决策，会让我们感觉自己很重要，觉得自己不可或缺。让别人依赖我们，不仅让我们觉得自己必不可少，而且让我们感觉自己很强大。依赖我们的人越多，我们就感觉自己越强大。然而，这样的位置往往会带来相反的效果。慢慢地，然后突然之间，我们就成了自己创造的环境的囚犯；我们需要付出越来越多的努力才能待在同一个位置，这种靠蛮力维持的位置是有上限的。这种情况迟早会崩溃。

有的人希望被视作伟人，结果其所作所为却是在操控众生。人们往往很少在意真正的伟大，而是更在意表现出伟大的样子。如果有人践踏了我们的自我认知（或者说我们想要被如何看待），自我就会马上行动起来，让我们经常不假思索地做出反应。卡洛·里齐的故事是《教父》中虚构的，不过现实生活中也有许多真实的同类例子。

比如，在美国独立战争期间，1780 年 9 月，大陆军的将领本尼迪克特·阿诺德（Benedict Arnold）秘密会见了一名英国间谍。阿诺德接受了获得两万英镑和英军的将领头衔的条件，作为交换，他同意将当时由他指挥的西点要塞的控制权交给英国。

究竟是什么样的一种力量，能强大到可以让一个人背叛自己的国家？阿诺德的理由与卡洛·里齐的理由一样：一直以来都对自己的社会地位心怀怨恨。

阿诺德是一名出色的军官，但他的人缘却不太好。可他又偏偏生性爱嫉妒，经常抱怨国会先于他提拔了比他年轻、能力不如他的军官。对于在社交场合遭受的轻慢，不管是真实的还是自己臆想出来的，他都会迅速做出反应。他喜欢通过羞辱与他持不同意见的人来证明自己的优势，这无形中使他树敌颇多。

不过，阿诺德还是赢得了大陆军总司令乔治·华盛顿（George Washington）的信任，华盛顿任命他为费城的司令官。大约就是这个时候，阿诺德向费城一个富裕家庭的女儿佩姬·希彭（Peggy Shippen）求了婚。

希彭家族属于保王党人（效忠英王），他们看上眼的只有那些和他们门当户对的富家子弟，可是阿诺德并不富有。在阿诺德小时候，他的父亲酗酒，早已把家里的钱挥霍一空。从那以后，阿诺德一直在努力重建其家族的社会地位。

阿诺德偏偏喜欢奢侈的生活，经常举办奢华的聚会，希望能借此赢得费城富豪精英的尊重。他向希彭夫妇许诺，在婚礼前会赠与佩姬一大笔钱，而且为了证明自己的财力，他还借了一大笔贷款购买了一栋豪宅。等阿诺德和佩姬终于成婚之时，阿诺德已深陷债务之中。夫妻二人甚至根本没能入住阿诺德买下的那栋豪宅，因为他得把它租出去来偿还贷款。

阿诺德的生活方式引起了许多他的反对者的注意，其中包括宾夕法尼亚州最高行政委员会主席（类似于现代的州长职位）约瑟夫·里德（Joseph Reed）。里德起诉了阿诺德，但他提出的证据站不住脚，结果让这个案子看起来好像没有其他目的，只是为了公开羞辱阿诺德。然而，实际上阿诺德确实一直在利用他的司令官地位为自己谋取经济利益。他的行为最终还是败露了，他被送到军事法庭受审。华盛顿将军只对阿诺德做了轻微的训诫，但阿诺德却认为华盛顿背叛了自己。

不久之后，阿诺德就背叛了自己的国家。

阿诺德的行为，源自其自尊心受到了伤害，而且他急于向别人证明他的价值和重要性，希望别人能像他看待自己那样看待他。当别人没有这样做的时候，他就丧失了理性，无法运用自己的判断力，并且最终，因为这些不成其为理由的理由犯了叛国罪，被钉在历史的耻辱柱上。

其实，我们都曾处于类似的境况，只不过程度没那么严重罢了。比如，你可能觉得自己身边的人没有以你希望的方式欣赏你，也许他们没有发现你的观点多么有见地；又或者，那些人没有看到你为他们付出了多少。当你迫切地想要满足自我时，无论是在个人方面还是职业方面，你会停止思考，做一些你本来不会做的事，比如接近自己的竞争对手，或是在派对上和陌生人眉来眼去。在工作场合，我简直见过太多这样的例子了：当一个人觉得自己没得到充分的赏识时，就不再全力去付出。[1] 自我控制了这个人的无意识，使他将长期目标抛在脑后，让他走上了毁灭之路。

如果阿诺德没有完全被他的自我控制——如果他少一些直接反应，并多一些思考——他可能会意识到，要实现长远的政治目标，并保障家人的福祉，他就需要一种更俭朴的生活方式。

"感觉正确"胜过了"正确"

我们对"感觉正确"的渴望战胜了我们对"正确"本身的渴望。

为了让自己感觉正确，自我默认值总是督促我们跟着感觉走，哪怕以牺牲正确为代价。很少有什么能比正确让人感觉更好，以至于我们会不自觉地将世界重新排列成任意等级来维持我们的信念，让我们对自己的感觉更好。我对这种做法最早的记忆可以追溯到我 16 岁时在一家杂货店工作的日子。

那时候，有个顾客总是对店员们指手画脚，态度恶劣。他开着一辆豪车，总是无视交通规则把车停在店外，然后跑进店里买东西。人多要排队的时候，他会很没礼貌地咋咋呼

---

[1] 这种行为早已存在，只是从 2020 年起，人们才开始把这种行为称为"躺平"（quiet quitting）。

呼，嫌这嫌那，粗声大气地让大家快点儿。因为他戴着一块劳力士表，所以我们都称他为"劳力士先生"。

有一天，他在我负责结账的那队顾客里等着，不耐烦地对我说："你能不能快点儿，我手腕上的这块劳力士可没法自己结账。"

这里我就不说我当时是怎么回答他的了——这么说吧，我的回答让我丢了工作。

不过我当时觉得这么做很值得，因为这次经历让我认识到，有些人会用金钱和地位来组织他们无意识中的等级制度。这就是"劳力士先生"让自己一直占据上风、压人一头的方式。

我记得那天晚上走在回家的路上，我心里想，虽然我可能没了工作，但至少我不像他。就在那一刻，我用自己的方式重新排列了这个世界，让我这个刚刚失业、既没有汽车也没有奢华腕表的高中生暂时占了上风。我在无意识中以一种自己选择的方式重新组织了这个世界，在这里，我觉得自己高他一头，这让我的自我感觉更好了。

其实，那天我和他都向自我默认值屈服了。

大多数人在生活中都以为自己是正确的，而那些不以他们的方式看待事物的人都是错的。对于我们希望世界是什么样，和世界实际上是什么样，我们常常把二者混为一谈。

主题并不重要：但凡谈及政治，或者对他人的看法，或者我们的记忆，我们所说的都是正确的。我们错在把自己希望世界如何运转当成了世界实际的运转方式。

当然，对待万事万物，我们不可能一直都是正确的。每个人都会犯错误，或是记错一些事。尽管如此，我们还是希望总能感觉自己是正确的，而且最好有其他人来帮助强化这种感觉。因此，我们投入了过多的精力向其他人——或我们自己——证明我们是正确的。当这样的情况发生时，我们就不会太关注结果，而是更在意如何保护我们的自我。

我们先谈谈在自我默认值出现时如何识别它，稍后再进一步讨论如何对抗它。如果你发现自己把大量精力花在别人对你的看法上；如果你经常感觉自尊心受到了伤害；如果你发现自己读了一两篇关于某个主题的文章就认为自己是个专家；如果你总是想证明自己是对的，并且很难承认错误；如果你很难开口说"我不知道"；如果你经常嫉妒别人，或是觉得自己好像从没得到过应有的认可——那你就要提高警惕了！ 这说明你的自我在"作祟"。

社会默认值

当所有人的想法都相同时，其实没有人真的在思考。

——沃尔特·李普曼（Walter Lippmann）

《外交的利害关系》（*The Stakes of Diplomacy*）

多年前，我在一场会议上了听到一段特别令人不快的讲话。讲话结束后，其他人开始鼓掌，我则有些迟疑，但还是有些犹豫不定地跟着鼓起了掌。如果不鼓掌，我会感觉很尴尬。①

社会默认值会激发一致性（从众性）。它会让我们仅仅因为"其他人是这样做的"而同意某种想法或与某种行为保持

---

① 也许这并不奇怪，鼓掌这个简单的行为在历史上一直被领导者利用并滥用。专业鼓掌者，被称为"领掌"，他们经常被安排在剧场或歌剧院中。至少从古罗马的尼禄大帝时期起就开始有领掌了，经常有成千上万的士兵为尼禄的表演鼓掌。一旦有几个人开始鼓掌，我们的社会默认值就会开始发挥作用，然后就像当时的我一样，我们不知道为什么就鼓起掌来。

一致。它体现了"社会压力"一词的内涵：人人都想成为群体中的一员，害怕成为局外人，害怕被人蔑视，害怕让别人失望。

我们想融入群体的愿望源于我们的历史。高度的一致性可以让群体受益，也可以让个人受益。原始人在部落内生存不易，但在部落外则无法生存。我们需要群体，因此，在群体利益面前，我们的个人利益就退到了次要位置。尽管我们今天生活的世界与那时的世界已经大不相同，但我们仍然会比照他人，寻找一些关于"如何行事得体"的线索。

人们很早就能感受到"随大流"带来的社会回报，而逆大众而动带来的好处则不那么容易被感受到。判断一个人的标准之一，就是在违背大众普遍看法的情况下，他能在多大程度上坚持做正确的事。然而，我们很容易高估自己特立独行的意愿，并低估自己想要融入群体的生物本能。

社会默认值鼓励我们将自己的想法、信念和结果"外包"给他人。当大家都在做某事时，我们很容易跟着一起做，并找些理由，将自己的行为合理化。我们形成的思维惯性是，不需要与众不同，不需要对结果负责，也不需要独立思考，只需要开启大脑的"自动驾驶模式"，打个盹儿休息一下。

社会默认值激发了美德信号——让其他人接受或赞扬你公开表明的信仰，特别是当发出这样的信号无须付出任何代价之时。

普林斯顿大学的教授罗伯特·乔治（Robert George）写道："我有时会问学生，如果他们是生活在废除奴隶制之前的美国南部的白人，他们会对奴隶制持什么立场。你猜怎么样？他们都宣称自己是废奴主义者！他们表示，自己会勇敢地公开反对奴隶制，并为废除奴隶制而不懈努力。"

不，他们其实不会这么做。现在的他们，在安全的情况下想释放这样的信号，这是可以理解的，但如果真的穿越回去，回到当年的美国，他们的行为很可能和当时的大多数人一样。

盲从者很少创造历史

社会默认值使我们害怕遭到冷落、被人嘲笑，或是被当成白痴。在大多数人的心目中，对失去社会资本的恐惧超过了偏离社会规范可能带来的任何潜在的好处，因此他们更倾向于遵守社会规范。

恐惧阻止我们冒险，使我们无法发挥自己的潜能。

在成长的过程中，没有人会说"我只想做和大家一样的事情"。但实际上，看到周围都是和你意见一致的人，或是和你做着同样事情的人，会让你感觉很舒适。因此，虽然有时群体的想法也蕴含着智慧，但将群体带给你的舒适自在，误当作你所做的从众选择带来了更好的结果的证据，这是社会默认值撒的一个大谎。

如果你做的工作和别人做的工作没有什么差别，你想要胜过别人的唯一办法就是比任何人都更努力地工作。想象一队工人，他们纯粹靠人力徒手挖沟。每个人每小时挖出的泥土量的差别其实很小，几乎难以判断。你干的活和你旁边的人干的活看不出什么差别，要想挖出更多土，唯一的办法是延长干活的时间。此时，如果有个工人请一周的假，去试验和发明铁锹，在别人看来，这个工人大概是疯了。这样的人不仅会让其他继续干活的人看起来像傻瓜，而且会让大家的总进度日渐落后。只有铁锹被发明出来，其他人才会看到这种工具的优势。要想成功，就需要"没脸没皮"。当然，仅仅靠"没脸没皮"，却不动脑子，也会导致失败。

独辟蹊径，做与众不同的事，意味着你有可能会表现不佳，但它也意味着你可能完全改变了游戏规则。

如果你亦步亦趋，别人做什么你也做什么，你就只会得到和别人一样的结果。[①] 所谓的"最佳实践"未必总是最好的，其实，仔细考察其定义，最佳实践往往处于平均水平，既不太好也不太坏。

如果你对正在做的事情没有足够多的了解，无法做出自

---

① 彼得·考夫曼一直在提醒我这一点。

己的决策，那么，也许你的确该"随大流"，大家怎么做，你就怎么做。不过，如果你想获得高于平均水平的结果，你就必须清晰地思考，而清晰地思考就是独立地思考。有时你必须挣脱社会默认值的束缚，做一些与周围人不同的事。不过我要给你一则友情提示：它会让你感觉不舒服。

我们想融入群体的愿望往往会压过我们对更好结果的渴望。我们不会去尝试新的东西，而会告诉自己一些新的东西。

偏离常规的做法是痛苦的，毕竟，谁会愿意尝试一些可能行不通的不同做法呢？如果我们偏离原来的状况太远，却没有获得好结果，到头来，我们可能会失去人们的尊重和友谊，甚至会丢掉工作。正因如此，我们很少尝试新方法，即使偶尔去尝试，也感觉如履薄冰，此时，哪怕是最小的挫折也能让我们立即放弃，重新去"随大流"，因为这样才使我们感到安全。

其他人和我们意见一致这一事实让我们很容易感到安慰。然而，正如传奇投资家沃伦·巴菲特所言："别人同意或者不同意你的观点，并不能证明你是正确的还是错误的。如果你掌握的事实是正确的，你的推理也是正确的，你就是正确的。"

那些循规蹈矩的人嘴上也总是说他们想要尝试新想法，但其实，他们只是不想要不好的想法。因为他们太想避开那些不好的想法，所以他们从未做到不循规蹈矩、从未偏离常规，也就从未发现新的、好的想法。

虽然我们需要偏离常规以取得进展，但并非所有的偏离常规行为都有利。要想取得成功，仅仅做与众不同的事是不够的，还需要做正确的事。思不同，才能做不同。而这意味着你终将与众不同。①

著名棒球运动员卢·布罗克（Lou Brock）说过的一句话可能对此做出了很好的诠释："一个人，越是怕出丑，就越容易出丑。"换句话说，一个被社会默认值控制的人很容易被打败。

沃伦·巴菲特在1984年写给伯克希尔－哈撒韦公司股东们的信中同样强调了社会默认值的影响：

> 大多数经理人几乎没有动力做出明智但有可能看起来像白痴的决策。他们的个人收益或损失太明显了：如果一个非常规决策的结果不错，他们会得到赞扬，但如果结果不好，他

---

① 大多数人都追求复杂性。他们先学习了足够多的基础知识，达到了平均水平，然后，他们就会热衷于寻找秘密捷径或秘籍。掌握好基础知识是变得超级有效的关键。基础知识看似简单，但这并不意味着它们是简单化的知识。世界上最优秀的人可能并没有什么秘密捷径，也没有掌握什么秘籍。他们只是在基础知识上比别人掌握得更好。我最喜欢举的例子是沃伦·巴菲特说过的一句话："投资的第一法则就是永远不要赔钱。"尽管这句话蕴含着人生的大智慧，但人们还是认为它太过简单而不去认真思考。使用最根本的第一原则，用你的方式推理出这一见解，是一种对思维的训练。

们就会收到解雇通知。（按照惯例行事，即使最终失败，也无可厚非；作为一个群体，盲目从众的人的形象可能很糟糕，但没有一个盲目从众的人收到过负面评价。）

当然，盲目从众的人可能会做出一些小小的改变，但并不是为了产生较大影响而做出的那种改变。虽然他们夸夸其谈，说自己做的事如何了不起，如何一举改变了事件的进程，但一旦你深入挖掘，就会发现事情还和之前一样。真正发生改变的是这些人自我夸耀的营销策略。

只有当你愿意去独立思考，去做其他人不做的事，愿意冒让自己看起来像个傻瓜的风险时，改变才会发生。如果你意识到自己一直都在盲从他人，做别人正在做的事情，而且你之所以如此，仅仅是因为别人已经在那么做了——是时候做些新的尝试了。

稍后我将进一步讨论关于社会默认值如何发挥作用的事例，以及如何对抗它。现在，请记住以下几点：如果你发现自己在努力融入一个群体，如果你经常害怕令别人失望、害怕成为局外人，或者害怕被别人轻视，那么你就要小心了！你的社会默认值正在发挥作用。

惯性默认值

人们在试图改变习惯的时候，最大的敌人是惰性。惰性限制了文明的发展。

——爱德华·L. 伯奈斯（Edward L. Bernays）

《宣传》（*Propaganda*）

2005 年前后，我将自己净资产的很大一部分投资给了一家小型连锁餐厅。当时，一位大投资人买下了该公司的控股权，并设法扭转了公司的经营状况，但这些变化暂时还没有反映在公司的股票价格上。据我观察，这家公司的 CEO 的所言所行全都很靠谱。我判断这是一个难得的机会，所以几乎押上了全部身家。

然而，在随后的几年里，这位 CEO 的态度发生了变化。管理层一开始的公平合作关系变成了他个人的独裁专断。这个变化过程就像一锅即将沸腾的水，起初变化缓慢，难以察觉，然后突然之间，水沸腾了，溢了出来。

　　这项投资已经给我带来了好几倍的回报，而且我对它未来的发展有信心，所以我对尽早退出有些犹豫——但最终，越来越多的证据表明情况会变得越来越糟糕，我必须撤资了。在取得了一点成功后，自我默认值控制了这位 CEO。突然之间，所有合伙人并不真正平等了，有一个人觉得自己比其他人更优秀。[1]

　　我改变想法的过程也颇费了一些时间。这位 CEO 每次的越轨行为都不严重，很容易解释得通。只有在我脱离出当时的情况，开始用另一种视角来看待它之后，我才意识到他的行为有多过分。我很幸运，在多数人意识到问题之前就退出了——好险啊，差一点儿我就血本无归。[2]

　　惯性默认值鼓励我们维持现状。开始做一件事很难，停止做一件事也同样困难。即使改变会带来好的结果，我们也会抗拒改变。

　　英语中的"惯性"（inertia）一词在拉丁语中的字面意思是"惰性"（inertness），即懒惰或无所事事。在物理学中，"惯性"指的是物体抵制其运动状态变化的现象。牛顿第一运动

---

[1]　建立等级制度是一种强大的生物本能。

[2]　在写这本书时，这家公司的股票在过去十年里一直是负收益，而这十年是美国股市普遍带来大幅收益的时期。毫无疑问，我在最高点卖出股票有一定的运气成分。

定律就是惯性定律，它的通俗表述是："运动的物体趋向于保持运动状态，静止的物体趋向于保持静止状态。"

没有外力，物体的运动状态不会改变。物体不会自己开始移动，也不会自行停止移动，直到其他物体的作用力迫使它改变这种状态。[①] 这一物理定律也可以用来解释人类的行为和我们抗拒变化的本能，哪怕这种变化是有益的。物理学家伦纳德·蒙洛迪诺（Leonard Mlodinow）对此是这样总结的："一旦我们的思维设定了一个方向，除非受到某种外力的作用，否则它就会倾向于继续朝着这个方向发展。"这种认知惯性就是我们的思维方式难以改变的原因。

惯性使我们不想放弃自己讨厌的工作，也不想终结无法使自己快乐的关系，因为在这两种情况下，我们知道自己期待的是什么，而且确定期待能够被满足的状态是件令人感到心安的事。

我们抗拒改变的一个原因是，让事物保持原样几乎不需要做出任何努力。这有助于解释我们为什么会自满。积累动力需要付出很大努力，但维持动力需要付出的努力却少得多。一旦某件事变得"足够好"，我们就可以不再努力，而且仍然

---

① 在牛顿发表惯性定律之前约 50 年，笛卡儿曾这样总结过："只要不受到外力的作用，物体总是会保持同一个状态；因此，运动一旦加于物体，它会一直保持下去。"

可以得到相当不错的结果。惯性默认值充分利用着我们想要留在舒适区的愿望，依赖着旧方法或旧标准，即使它们已不再是最佳选择。

我们倾向于抗拒改变的另一个原因是，不去循规蹈矩，而是另辟蹊径，可能会导致更糟糕的结果。改变具有不对称性——和积极的结果相比，我们更在意消极的结果。如果结果糟糕，它就会让我们更引人注目，尽管本不应如此。如果自己能保持还不错的平均水平，为什么还要冒险呢？万一结果糟糕，岂不是让自己看起来像个白痴？我们宁可保持平均水平，也不愿意冒险并承受低于平均水平的结果。

在我们的许多日常习惯中，惯性的作用显而易见，例如，即使市场上出现了新的、更好的产品，我们也会一直买同一家超市的自有品牌。不愿意尝试新产品的原因经常是我们不确定新产品的质量，以及评估它们要花些力气。为了解决这个问题，公司经常向顾客提供免费试用品，这是一种让顾客在低风险下尝试新产品的方式，他们可以评估产品质量，又不用担心会失望。

我们都想把自己描述为思想开放、在事情发生变化时愿意改变自己想法的那类人，但历史已经证明，情况并非如此。汽车刚问世时，许多批评者对它不屑一顾，认为汽车只不过是昙花一现的时尚，而马和马车则是一种更可靠的运输方式。

同样地，飞机刚被发明出来时，人们对其实用性和安全性也持怀疑态度。收音机、电视机和互联网最初都曾面临类似的质疑，尽管如此，这些发明都对我们今天的生活方式产生了深远的影响。

谈到惯性，"平均地带"是一个危险的地方。在这里，一切都足够好，因此我们觉得没有必要做出任何改变。即使要改变，我们也希望事情会神奇地自动变好。当然，这样的事情简直太罕见了。比如，勉强维持一段不好不坏的关系，就是甘愿待在平均地带的一个典型例子。如果事情更糟糕，我们就会采取行动，但既然事情并不是非常糟糕，我们就会留下来，并希望事情能够好转。

犯错时双倍下注

有一句名言是这么说的："能生存下来的物种不是最强壮的，也不是最聪明的，而是最能适应变化的。"人们往往误以为这句话是查尔斯·达尔文（Charles Darwin）说的。好吧，这句话并不是达尔文说的，但它并不会因此而毫无用处。

当环境改变时，我们需要适应，但是，惯性会让我们停止思考，压抑我们想要改变惯常做事方式的动力。它使我们更不容易想出替代的方法，使我们不愿去尝试或调整策略。

　　例如，公开的声明会引起某种惯性。将某件事情记录下来，就会产生期望，随之而来的是满足这些期望的社会压力。当新出现的信息质疑我们的声明时，我们可能会本能地不去理会它，并强调能支持这个声明的旧信息。我们希望自己能坚持自己的观点，因而改变我们的想法变得越来越难。比如，我们会亲眼看到，当一个政治家根据实际情况改变立场时，人们会给他贴上"墙头草"的标签，而不会说他"聪明"。不断目睹这样的事情，我们就会越来越害怕改变想法所带来的社会影响。

　　惯性也会阻止我们做困难的事。面对这些我们知道自己应该做的事，我们逃避的时间越长，事情就会变得越困难。回避正面冲突会让人感到轻松。然而，回避的时间越长，我们就越会觉得有必要继续回避。一开始是回避一次有些难度但不那么重要的谈话，很快就发展成了回避那些看起来很艰难但又很重要的谈话。不断地回避也会带来压力，这种压力最终会影响我们与他人的关系。

　　群体也会产生自己的惯性。群体惯性倾向于重视一致性而非有效性，并奖励维持现状的人。惯性使人们难以偏离群体规范。害怕当出头鸟的想法常常会让人们遵守规范。因此，群体动力最终会对那些不偏离默认值的人有利。

　　我的一个朋友最初之所以选择结婚，就是（部分）因为群体惯性的作用——我怀疑很多人也是如此。他事后回忆说："所有迹象都表明，我们的婚姻可能不会太美满，但要是再找一个人重新开始，似乎又太麻烦了，而且当时我们周围的人都订婚了，所以我们也订婚了。"

惯性不仅可能会给我们的工作和个人关系带来负面影响，而且可能也会对我们的健康不利。1910 年，美国的著名工业毒理学专家艾丽斯·汉密尔顿（Alice Hamilton）受命负责一项伊利诺伊州的工业疾病调查。在接下来的几年里，她提供了明确的证据证明了工作场所的铅暴露和汽车尾气中铅污染的危害性。但是，尽管有这些证据，通用汽车公司和其他汽车制造商还在继续生产使用含铅汽油的汽车。直到 20 世纪 80 年代，美国才终于禁止使用含铅汽油。甚至是现在，尽管有价格相近的无毒材料可以选择，铅仍被继续用于其他用途。

惯性会使我们一直做那些并不能让我们如愿的事情。惯性在我们的潜意识中发挥作用，基本上不会被察觉，直到它的影响变得太明显。稍后我将进一步讨论惯性默认值在工作中发挥作用的事例，以及该如何对抗它。现在，请记住以下几点：如果你发现自己在集体场合选择保持沉默；如果你发现自己或你的团队抗拒变化，或者仅仅因为过去一直这样做，就继续用这种方式做事——你就要提高警惕了！惯性默认值很可能在发挥作用。

从默认行为到清晰思考

　　一个人可以按照自己的意志行事，但不能按照自己的意愿去主宰意志。

　　　　　　　　——阿图尔·叔本华（Arthur Schopenhauer）

　　虽然我们无法消除我们的默认值，但我们可以重新设置它们。如果想改善我们的行为、完成更多目标、在生活中体验到更多的快乐和意义，我们需要学会管理自己的默认值。

　　好消息是，那些会让我们不假思索做出反应的生物倾向同样可以被重新设置，变成积极有益的力量。

　　把你思考、感受和行动的默认值模式看作你在按照编制好的算法无意识地对来自其他人或环境的输入做出的回应。医生用反射锤敲打我们的膝盖时，我们并没有想主动地动一下腿，但是膝跳反射会使我们的腿不由自主地动一下。你的思想和行为也与之类似。我们接收来自外部世界的某种输入，然后执行一种算法，这种算法会处理这一输入并自动产生输出。

你正在运行的许多算法已经被进化过程、文化、习俗、你的父母和你所在的社区编进了你的"程序"。其中一些算法会让你更接近你的目标，而另一些算法则会让你离它更远。

你会无意识地养成和你经常在一起的人的习惯，而这些人会让你更容易或更难接近你的目标。你和一个人相处的时间越长，你就越有可能开始像他那样思考和行动。

最后，几乎所有人都会输掉与意志力的战斗，这只是个时间问题。我的父母就是一个例子。他们曾经当过兵，入伍时本来都不吸烟，但没过多久，他们就开始效仿一些战友，养成了吸烟的习惯。起初，他们抵制过这种做法，但是几天过去了、几周过去了，日子一久，一直说"不"让他们感到疲惫不堪。几十年后，他们几乎不可能再戒掉烟，因为他们周围的所有人都吸烟。鼓励他们开始吸烟的那股力量现在正在阻止他们戒烟，只有改变环境才能让他们戒掉这个习惯。他们得去寻找新朋友，而新朋友的默认行为得是他们所期望的行为。

我们养成习惯或改掉习惯时就要注意这种规律。看似是自制力在起作用，实际上却往往是精心营造的环境在鼓励某些行为。而那些可能看起来很糟糕的选择，往往只是某人在用尽全力使用意志力对抗着自己的默认值。拥有好的默认值的人通常是那些拥有好的环境的人。有时候，这是深思熟虑的策略的一部分，而有时候就只是运气好。无论在哪种情况下，当大家已经在这样做的时候，让自己与正确的行为保持一致是比较容易的。

改善你的默认值的方法不是靠意志力，而要通过有意地创造出合适的环境来实现，在这个环境中，你所期望的行为会变成默认行为。

如果某个群体中的默认行为恰好是你期望的行为，你就加入这样的团体，这是有意识地创造出合适环境的有效方法。如果你想多读书，就加入读书俱乐部；如果你想多跑步，就加入跑步俱乐部；如果你想多锻炼，就请一个私教。不要总是诉诸意志力。你所选择的环境往往就能促使你做出最佳选择。

不过，这一点也是说起来容易做起来难。对一台电脑重新编程只不过是重写几行代码的问题，而重新设置自己的默认值则是一个更加漫长且复杂的过程。在接下来的章节中，我们将讨论这一过程。

第二部分
增强势能，积蓄力量

批评别人比了解自己容易得多。

——李小龙

与清晰思考的敌人作斗争，需要的不仅仅是意志力。

我们的默认值是在根深蒂固的生物倾向的基础上产生的——我们有自我保护的倾向，有认识和维护社会等级制度的倾向，也有捍卫自己和自己的领地的倾向。在知道这些倾向的存在之后，想单凭意志力使它们消失是不可能的。恰恰相反，让我们误以为只需要靠意志力就能消除这些力量，这种感觉正是这些倾向用来控制我们的伎俩。

为了不让我们的默认值妨碍我们做出正确的判断，我们需要利用同样强大的生物力量。我们可以巧妙地利用默认值原本可能会毁掉我们的那些力量，将计就计，把它们转化为对我们有益的力量。首先要利用的就是惯性的力量。

惯性是一把双刃剑。我们现在已经知道，惯性倾向于维持现状。如果现状不是最好的或不太正常，惯性的力量就对我们不利。但现状并不需要是最好的。如果你训练自己，始终以推进你最重要的目标为目的，去思考、感受和行动——换句话说，如果你增强了势能——惯性就会发掘你的潜能，成为一种几乎不可阻挡的力量。

所谓形成积极惯性，其实就是养成习惯。习惯能让人专注于某件事，而不是某一时刻。这些习惯可以很简单，比如，在工作中，在对某人争论的观点做出反应之前先短暂停顿一下。我原来的一位导师曾对我说："开会的时候，如果有人对你表现出了轻蔑，你在开口说话前一定要先深呼吸，看看这样一来，你是不是会改变你本来想说的话。"

在任何这种性情会影响一个人的表现的场合，习惯都隐藏在众目睽睽之下。下次观看篮球比赛或网球比赛时，注意看一下你就会发现，很多球员在罚球或发球前拍球时，总是会拍相同的次数，不管上一场比赛在那个球员的职业生涯中是最佳的还是最差的，他们都会拍同样的次数。习惯会让大脑专注于接下来的比赛，而不是刚刚打完的那一场。

内心的力量可以暂停你的默认行为，并帮助你运用良好的判断力。周围正在发生什么、一些事看起来有多么不公平，这些都没关系。你感到尴尬、觉得受到了威胁或很愤怒，也都没有关系。谁能暂时退后一步，专注于自己，让思维暂时抛开当下，谁就能胜过做不到这些的人。

鲁德亚德·吉卜林（Rudyard Kipling）在他的经典诗歌《如果》中写过这样几句："如果周围的人毫无理性地向你发难，你仍能镇定自若保持冷静；如果众人对你心存猜忌，你仍能自信如常……"这些诗句所赞颂的就是一个人的个人力量。

增强势能就是要驯化我们野马般的天性——训练并利用这些天性来改善我们的生活，就是要把我们生物习性中的逆风特质转变成顺风特质，我们可以乘着后者朝着最珍视的目标前进。

以下是你所需要的四种关键势能。

- 自我问责（self-accountability）：对发展自己的能力负责，管理自己的不足，用理性控制自己的行为。
- 自我认识（self-knowledge）：了解自己的长处和短处——知道什么事自己可以胜任，什么事自己无法胜任。
- 自我控制（self-control）：控制自己的恐惧、欲望和情绪。
- 自信（self-confidence）：相信自己的能力以及自己对他人的价值。

我将逐一解释这些势能的含义，并讨论它们会如何对抗你的默认值，然后再告诉你，可以怎样开始增强这些势能，并掌控自己的人生。

自我问责

我是自己命运的主宰，

我是自己灵魂之舟的掌舵人。

—— W. E. 亨利（W. E. Henley）

《不可征服》（*Invictus*）

自我问责意味着对自己的能力、自己的不足和自己的行为负责。如果做不到这一点，你可能永远无法取得进步。

在生活中可能没有人需要你对其负责，不过这并不重要，你可以对自己负责。其他人可能不会对你抱有太多期望，但你可以对自己有更高的期望。不需要别人通过奖励或惩罚来促使你去做这件事。

有外部奖励固然不错，但这些奖励并不是必需的，你不需要为了得到奖励而倾尽全力。你对自己的诚实判断比任何其他人的判断都重要。当你把事情搞砸时，你应该足够坚强，你可以对镜子里的自己说："这是我的错，我需要做得更好。"

虽然你可能从未想过去掌控自己的生活，但你的确就是自己生活的主宰——而且你可能没有想到，你获得的大部分结果都是你自己造成的。

缺乏自我问责精神的人往往会开启"自动驾驶"模式，这个做法与掌控自己的生活恰恰相反。这些人不断屈服于外部压力：寻求回报、避免惩罚，并根据其他人的"记分牌"来评判自己。他们是追随者，而不是领导者。他们不会为自己的错误负责，相反，他们总是会归咎于他人、环境或是坏运气——反正全都不是他们自己的错。

好吧，我来告诉你实情吧：全都是你的错。

你总能在今天做点什么来改善你明天的处境。你也许无法找到彻底的解决办法，但你的下一个行动总可以让情况变得更好或更糟。总是存在你可以控制的行动，无论它多么微不足道，都能帮助你取得一些进展。

借口，还是借口

抱怨不是办法。你只能同现有的世界合作，而不是同你所期望的世界合作。

——杰夫·贝索斯（Jeff Bezos）

在我的职业生涯刚刚开始时，一个星期天的早上，我到公司时看到一位同事已经到了。我们正在为一项即将开展的秘密行动开发一款非常重要的软件。我刚坐到办公桌前，他就朝我走了过来。

他说："你的那段代码两天前就应该写完了。行动今晚就开始，我们不能没有你的那段代码。我们还得进行测试。因为你的拖延，整个计划都可能遇到麻烦。大家都依赖着我们。"

这里需要交代一下："9·11"之后，我们都在一刻不停地工作，承受着巨大的压力，每个人晚上都睡不足五六小时。我们每小时都要喝一两次咖啡或可乐提神，健康状况堪忧。

我们使用最低端的操作系统编写复杂的、至关重要的软件，要知道，即使一切条件都很完备，这样的软件也很难开发。这样的工作没有操作手册，而且出于保密原因，也不能简单地在网上搜索一下该怎么做。

我们正在开辟新的领域，而时间压力起不到任何帮助作用。我们在尽自己所能地努力工作，但这似乎永远都不够。在连续数年每周工作60小时和持续的压力之下，我们的人际关系和工作关系变得很紧张，开始出现裂痕。

我很自然地回答道："但是……我开了好几个会，又被拖去做另一个项目，总监说那个项目是当务之急。而且……我本来打算周五早上干这个活，可是那天公交车陷进雪里动不了，我花了两小时才来上班。"

　　我觉得我表现得很镇定，但我心里还憋着好多想为自己辩解的话。我内心想说的话大概是这样的："老兄！你就放我一马吧。今天是星期天。我已经好几年没休假了。我和你待在一起的时间比和我女朋友待在一起的时间还要多。我已经尽全力了，可我做得似乎永远都不够。"

　　"那你的意思是说这不是你的错喽？"他故作天真地说，布下了一个我没注意到的陷阱。

　　"听着，一下子来了好多事儿，我也控制不了呀。"我说，"别担心。我今天可以搞定。"

　　"我才不信你的鬼话呢！这就是你的错。别再找借口了。"他转过身，准备离开。"把该做的事做了，要不然我们就不得不因为你而取消这次行动。"他头也不回地说道。

　　我突然感到浑身充满力量，不过不是那种朝着目标奋勇前进的积极力量。默认值控制了我，这是捍卫自我的力量——我要捍卫我的领地，捍卫我的自我意识。

　　世界上最强大的可再生能源就是你在捍卫自我形象时产生的力量。虽然我的同事没有对我进行人身威胁，可他威胁到了我对自己的看法：我认为自己是个努力工作、总能把工作任务完成的人。当有人威胁到你对自己的看法时，你就会停止思考，开始自动做出反应。

我开始整理一份清单，列出我那一周做的所有事情——我工作了多少小时、参与了多少项目、帮助了多少人，并协助了多少次行动。在列举这些要点时，我越想越生气，负面情绪的惯性变成了强大的恶性循环。我没有意识到我在往哪个方向走。我是在做出回应，而不是在理性地思考。我可以找出无数个借口："蛮不讲理，一口认定这是我的错，这家伙以为他是谁呀？！ 他根本不了解实际情况！"

我用电子邮件把清单发给了他，清单有整整一页那么长。过了一会儿，我收到了他的回复。

我不关心你写的这些事。完成你分内的工作是你对我们团队和我们要完成的任务应负的责任。如果你做不到，那就从中吸取教训，想清楚该怎么做，以免下次出现同样的问题。我不想和你共事了。

另：你迟到这事别赖公交车。买辆车吧。

这个人在说什么呢？！ 我的反应已经超出了精神层面，变成了生理上的反应。我心跳加速，眯起双眼，无法控制自己的感受和想法。这封短短的邮件让我好几个小时都没法集中精力。

我们本来是可以使情况好转的：不再关注眼下的不快，而是去做该做的事。但我们却因为急于捍卫自我而付出了很多精力。在做出这样的选择时，我们往往都没有意识到。如果有人拍拍我的肩膀说："你要在这个小冲突上花三小时的精力，你确定想这么做吗？"我应该会说"不"。

虽然那封邮件既不令人愉快，也谈不上公平，但它确实包含善意，而且它改变了我的人生。当然，我的同事本可以语气更温和一点的。① 但这并不是说他做得不对。

很多时候，给我们反馈的人不乏善意，但却并不让我们感到愉快。有些事，令人愉快的人不会告诉你，而心怀善意的人会。心怀善意的人会告诉你，你的牙缝里有菠菜，令人愉快的人则不会，因为指出这一点会让你感到不自在。心怀善意的人会告诉我们是什么阻碍了我们，即便它让我们感到不自在，而令人愉快的人避免给我们批判性的反馈，因为他们担心会伤害我们的感情。难怪我们会以为别人会愿意听我们说上一大堆借口。②

我的公交车晚点了，这不是我的错，对于这一事实，我的团队无动于衷。重要的是我们的行动要取得成功。归根结底就两个字：结果。

没有人像你一样在乎你的借口——事实上，除了你，根

---

① 他后来成了我最好的朋友。

② 我在萨拉·琼斯·西默（Sarah Jones Simmer）的《知识项目》播客第 135 集中学到了心怀善意和令人愉快的区别。

本没有人在乎你的借口。

没人在乎；就是你的错

当人们的行为产生的结果与他们对自己的看法不一致时，他们往往会为了使自己的自我不受伤害，而归咎于他人或是不利的环境。心理学家们甚至有一个专门的术语来形容这种倾向。他们称之为"自利性偏差"，一种以保护或提升自我形象的方式来评判事物的习惯。诸如"这是个很棒的想法，只是执行不力""我们已经尽力了""我们一开始就不应该陷入这种境地"等说法往往就是这种偏差的表现。[①]

关键问题是：这可能是真的。也许那个想法确实很棒，只是执行得不好。也许你们真的尽力了。又或者，也许你们一开始确实不应该陷入那种境地。遗憾的是，这些都不重要，也没人在乎。无论哪一种说辞都无法改变结果，也无法解决仍然存在的问题。

---

① 自利性偏差也是一种自我保护。我们所保护的自我就是我们的自我意识——我们的身份。

错不在你，但仍然是你的责任

发生了你无法控制的事情，并不意味着你不用承担尽你所能去处理它的责任。

我们保护自己的欲望会阻碍我们继续向前。我们会忍不住为自己开脱，无奈地举起双手，声称自己无法控制所处的局面。当然，有时情况的确如此，有一些偶然出现的情况会不可避免地产生负面影响。人们经常会出于自己无法控制的原因遭遇不幸：被流弹击中、患上疾病、被醉酒司机撞倒。

不过，抱怨对改变你目前的处境毫无帮助。老是想"这不是我的错"并不会让情况变好，你仍然需要去面对眼前已然造成的后果。

始终专注于下一步的行动，它会让你更接近目标或更远离目标。

打扑克的时候，大家是凭直觉学会这一点的：你拿到什么牌主要靠运气，自怨自艾、抱怨拿到的牌不好或责怪别人的出牌方式，只会让你从原本可控的事情上分心。你的任务就是尽你所能打好手里的牌。

你可以把精力投入你能控制的事情中，也可以投入你无法控制的事情中。你在无法控制的事情上所花费的精力，本可以用在你能控制的事情上。

虽然没有人会主动选择困境，但其实困境也能提供机遇。它可以让我们检视自己，看看自己变成了什么样。不过，检视不是和别人比，而是和过去的自己比。我们是否比昨天的自己更好了？当环境轻松时，很难区分普通人和卓越的人，我们也很难看到自己内心的不平凡之处。古罗马奴隶普布里乌斯·西鲁斯（Publius Syrus）[1]曾经说过："当海上风平浪静时，任何人都可以掌舵。"[2]

当你决定无论在什么情况下都要为自己的行为负责时，你就走上了通往卓越的道路。出类拔萃的人知道他们无法改变手里的牌，也不会浪费时间希望能拿到更好的牌。相反，他们专注于如何去打手中的牌，以取得最好的结果。他们也不会躲在别人身后，而是敢于迎接挑战——无论是什么样的挑战。此外，他们选择不辜负最好的自我形象，而不是屈服于自己的默认值。

人们最常犯的一个错误是对"世界应该如何运转"讨价还价、争论不休，而不是接受它目前的运转方式。每当你发

---

[1] 出生于叙利亚，后作为奴隶被掠往罗马城。他凭借自己的智慧和才能赢得了主人的青睐，从而被释放。不久即开始文学创作，并为后世所知。——译者注

[2] 出自《普布里乌斯·西鲁斯的道德箴言》（*The Moral Sayings of Publius Syrus*），第 358 页。我的投资公司西鲁斯合作伙伴（Syrus Partners）就是用他的名字命名的。

现自己或同事在抱怨"这不对""这不公平"或"不应该这样"时，你们就是在讨价还价，而不是接受现实。你们这么做是想让世界以一种不可能实现的方式运转。

一个人若是不接受这个世界真正的运转方式，就会把时间和精力放在证明自己有多么正确上。而当期待的结果没有成为现实时，他就很容易去怪罪环境或他人。我把这种情况称为"正确的错误面"。你关注的是你的自我，而不是结果。

当你停止讨价还价，开始接受现实情况时，解决方案就会出现。这是因为，专注于下一步的行动，而不是你当初是怎么走到这一步的，会为你提供更多的可能性。当你把结果放在高于自我的位置之上时，你就会得到更好的结果。

事情会更好还是更糟，全在于你的反应

你无法控制一切，但你可以控制自己的反应，这可以使情况变得更好或更糟。每个反应都会对未来产生影响，让你离自己想要的结果和想成为的人更近一步或是更远一点。

在你采取行动之前，问一下自己这个问题就非常有效："这一行为会让未来变得更容易还是更困难？"[①] 这个简单的问

---

① 我对我的孩子们是这么说的："这一行为是让你离你想要的东西更近了，还是更远了？"这个办法特别有效。

题有助于改变你对现状的看法，并且可以避免让事情变得更糟糕。正如我祖父（还有很多其他人）过去常说的那样："如果你发现自己在坑里，你要做的第一件事就是不要再继续挖这个坑了。"

在我二十五六岁时，有一天，我去办公室见自己的导师。我刚刚错过一次晋升机会——这是我第一次争取晋升却没有成功——我去找导师是要向他抱怨这有多么不公平。

"我为什么会遇上这种事呢？"我记得我是这么说的。"他们这么打压我，到底是什么意思呢？"然后，我开始针对那个决定我能否晋升的人，说起了他的坏话。我的导师打断了我。

"你在拒绝接受已经发生的事，"他说，"这可太傻了。"

"傻吗？"我反问道。

"是啊。事情已经发生了。这是不可否认的事实。"

"听着，"他继续说，"这事真的很糟糕。你绝对够资格晋升。但你没有，而你没能晋升肯定是有原因的。现在的关键是不要再去责怪别人，而是负起你自己的责任来。"

我认真地考虑了他的观点。他说得对。这个世界并非只为我而存在，它也并没有专门针对我。我需要审视自己的内心，诚实地评估我对这个结果的出现起到了什么作用，然后改进我做事的方式。

在离开导师的办公室时，我已经完全参悟了他话里的意思。如果学不会自我问责，我就走不了太远。

抱怨不解决问题

面对现实很难。指责我们无法控制的事情比在自己身上找原因要容易得多。

为了保护自己的信念，我们常常跟世界给我们的反馈过不去。我们不想改变自己，而是希望世界做出改变。如果我们没有能力改变世界，我们就会以为自己唯一能做的事就是抱怨。

然而，抱怨不会产生任何效益，它只会误导你，让你认为这个世界应该换一种方式运转。远离现实会让你更难解决你所面对的问题。不过，总会有一件事你今天就可以去做，它可以让未来变得更容易——你停止抱怨之时，就是你开始寻找这件事之时。

你不是受害者

你讲给自己的故事是最重要的故事。给自己讲一个积极的故事并不能保证会得到好结果，但给自己讲一个消极的故事却往往会带来糟糕的结果。

我们每个人都会讲关于自己的故事给自己听，我们自己就是这些故事的主角。在故事里，如果事情出错了，我们不会将故事设定为作为主角的自己有过错，这不符合我们赋予自己的主角身份。因此，在需要解释事情出错的原因时，我们会指责别人。

在没有得到自己想要的结果时，指责别人可能会让我们在当下感到满足，但这并不会改善我们的判断力，也不会让我们成为更好的人。相反，这是一种由自我默认值引发的防御反应——一种让我们一直舒服地躲在软弱和脆弱中的反应。

当你一直责怪当时的情况、环境或他人时，你实际上是在声称自己没有影响结果的能力。但事实并非如此。事实是，我们在生活中反复做出已经成为习惯的选择，这些习惯决定了我们的道路，而这些道路又决定了我们的结果。当我们为那些不好的结果辩解时，我们就免除了自己对造成这些结果的责任。

有一个词说的就是那些一遇到问题就总是责怪别人或环境的人：受害者。当然，他们往往不是严格意义上的受害者。他们只是觉得自己是受害者，而这种感觉会妨碍他们做出明智的判断。长期受害者（总觉得自己是受害者的人）会感到无助、无力，还常常感到绝望。他们认为任何事情都不是自己的错，总是别的什么人或别的什么事妨碍了他们。没有人一开始就想成为长期受害者，但逃避责任的反应慢慢累积起来，会让人慢慢变成长期受害者，而人们很难看清这一点。

在成为长期受害者的过程中，有时候人们会意识到他们在对自己撒谎。他们意识到，自己讲给自己听的故事并不是完全真实的。他们知道自己有责任，但面对现实和承担责任很不容易，这让人感到很不自在。相反，躲起来、去责怪别人，或是责怪环境或运气要容易得多。

具有讽刺意味的是，最关心长期受害者的人往往会无意中纵容他们玩这种责怪他人的把戏。当事情不按我们期待的方式发展时，我们会很自然地向家人或好友宣泄一番。他们爱我们、支持我们，对我们总是充满善意，很愿意认同我们对情况的解释，并给予我们安慰。但是，当他们这样做时，什么都改变不了。我们对世界的错误看法没有任何改变。他们没有鼓励我们重新评估自己思考、感受和行动的模式。如果以后遇到类似的情况，我们很可能会做出同样的反应，也会得到同样令人失望的结果。

另外，有没有朋友曾经对你说"你把事情搞砸了。我怎么才能帮你把这件事搞定呢？"或者"让我告诉你吧，我认为可能有一件事在妨碍你获得你想要的结果"？

如果你有这样的朋友，现在就给他们打电话表示感谢吧，他们能出现在你的生命中，就是一份难得的礼物。好好珍惜你们的友谊吧！

　　或者，也许你的父亲或母亲已经为你做了这样的事。我13岁时，有一次在放学后和一群朋友待在一起。他们在戏弄班里的一个同学，我在旁观。好在老师在事情失控之前出面阻止了他们，所以这件事很快就结束了。不过，我没有注意到我父亲的车就停在附近，刚才发生的一切他全看见了。等我坐上车，他问我发生了什么事。

　　"没什么。"我说。父亲当时看着我的眼神正是我现在看自己孩子时会用的眼神。"我们只是让那家伙有点难堪。"我解释说。

　　"为什么？"他问。

　　"大家都这么干。这没什么大不了的。你别管了。"

　　听了这话，他把车停下来，继续那样看着我。

　　"你刚才就在现场，没有去阻止他们，这些都是你的选择。"他说，"你在做什么事的时候，不能因为大家都这么做就去做，以为可以法不责众就去做。你要对你的选择负责。真实的你比刚才那个时刻的你要好得多。"

　　然后，直到第二天，他没有再对我说过一个字。

　　这个教训很重要：你选择不做什么，往往和你选择做什么同样重要。对一个人的真正考验，是看他在多大程度上愿意为了做正确的事而拒绝"随大流"。

过了一段时间，我才意识到，与我从头至尾都在围观相比，让我父亲更失望的是我一开始没有阻止其他人。他不希望我成为一个被动的人——那种会被周围的人和事左右自己行为的人。他不希望我成为环境的长期受害者。

没有成功人士愿意与一个长期受害者共事。只有受害者愿意与受害者共事。

如果你注意观察长期受害者，你会发现他们是多么脆弱——他们的态度和感受往往极度依赖于他们无法控制的事情。当事情按他们的意愿发展时，他们就会开心；当事情不按他们的意愿发展时，他们就会心存戒备、展现出被动攻击性，偶尔也会咄咄逼人。如果他们的配偶心情不佳，他们也会心情不好；如果在上班途中遇到交通堵塞，他们会把愤怒和沮丧带到工作中；如果他们领导的项目没有走上正轨，他们会责怪团队中的某个成员。

自我问责是一种势能，它能让你认识到，尽管你无法控制一切，但你可以控制自己应对一切的方式。这种心态使你有能力采取行动，而不仅仅是对生活抛给你的任何事情直接做出反应。它能将障碍转化为学习和成长的机会。它能让你认识到，对你自己的幸福而言，你如何对困难做出反应比困难本身更重要。它能让你明白，生活中的最佳路径往往就是接受现实，继续前行。

自我认识

认识你自己。

——希腊德尔斐阿波罗神庙铭文

自我认识意味着，一个人既要了解自己的长处，又要了解自己的短处。你必须知道自己能做什么，不能做什么；知道自己的能力和局限，优势和弱点，什么是自己可以掌控的，什么不是。你知道自己懂什么，不懂什么。此外，你还要知道自己有认知盲点——有些事情你不知道，而你并不知道你不知道这些事——唐纳德·拉姆斯菲尔德（Donald Rumsfeld）称之为"未知的未知"。

如果你想更好地了解自己的自我认识程度，问问自己，你每天会说多少次"我不知道"。如果你从来不说"我不知道"，那你很可能从不去理会那些让你感到惊讶的事情，或者你会为结果辩解而不是去理解它们。

理解自己在做什么、理解自己不知道什么，是获得成功的关键。

最近，在与一位非常成功的朋友（他在房地产行业赚了一大笔钱）共同参加一场团体晚宴时，我目睹了一次自我认识的完美展示。晚宴上，一位精明的投资人向我的朋友推销一家他正准备私有化的公司，这是我多年来听到过的最令人信服的投资想法。

听完推销后，我朋友顿了顿，抿了一小口水，然后说："我对投资不感兴趣。"一桌人坐在那里，陷入了沉默，怀疑自己是不是漏掉了什么剧情。终于有人打破了沉默，问他为什么不考虑一下。

他回答说："我对那个领域一无所知。我只喜欢在我了解的领域做生意。"

离开餐厅后，我们继续聊这个话题。他承认刚才那人推销的点子听起来很不错，他信任这个人，并且认为投资人会在这笔交易中赚很多钱。（他们确实赚了很多钱。）然后他告诉我："成功投资的关键是知道自己了解什么，并坚持去做。"

我朋友对房地产非常了解，他知道，如果他在这个领域投资并保持耐心，他一定会成功。

知识不在于多寡，而在于运用

知道自己了解什么，是你能拥有的最实用的技能之一。

你所了解的东西的多少并不重要，重要的是你知道自己知识的边界在哪里。

一天晚上，查理·芒格在晚餐时详尽阐述了和我那位做房地产投资的朋友相同的观点。他说："如果你闯入一个新的领域，别人在这个领域有天赋而你没有，那么你就会失败。你必须找出自己有优势的领域，然后坚持下去。"

知道自己在哪个领域有优势还不够；你还必须知道你什么时候在进行越界操作。如果你不知道自己在边界的哪一侧，或者根本不知道有这样一条边界，你肯定已经越过了它。

不过，自我认识并不局限于硬技能，即过硬的本事。自我认识还涉及了解自己什么时候容易受到默认值的影响，即那些环境会代替你思考的情况。也许你容易过度情绪化——易于受到悲伤、愤怒或令人烦扰的自我挫败想法的影响；也许你在累的时候会脾气急躁，或者会在饿的时候大吃特吃；也许你对社会压力和他人的嘲讽极其敏感。

了解自己的优势和劣势，以及能力和极限，对于对抗自己的默认值至关重要。如果你不了解自己的弱点，你的默认值就会利用它们来控制你的环境。

自我控制

　　给我一个不为感情所奴役的人，我愿意把他珍藏在我的心坎，我的灵魂深处。①

　　　　　　　　　　——威廉·莎士比亚（William Shakespeare）

　　　　　　　　　　　　　　　　《哈姆雷特》（Hamlet）

　　自我控制是一种掌控恐惧、欲望和其他情绪的能力。

　　情绪是人类生活中不可避免的一部分。通过进化，像我们这样的哺乳动物会对直接的环境威胁和各类机会做出快速反应——恐惧是对威胁做出的反应，享受是对建立亲近的社会关系做出的反应，而悲伤则是对失去做出的反应。我们无法消除这些生理反应，也无法消除引发这些反应的条件。我们只能设法控制自己的反应方式。

　　有些人就像在情感海洋的波涛中起起伏伏、四处漂浮的软木塞，他们的行为会受到情绪的影响：愤怒、喜悦、悲伤、

---

　　① 本书中采用朱生豪版译文。——编者注

恐惧——任何当下被触发的情绪。然而，另外一些人却决定
要掌控自己的生活，他们握紧舵柄，决定自己想去哪里，尽
管波涛汹涌，他们仍旧将船驶向那个方向。他们也会像其他
人一样经历起起落落，只不过，他们不会让那些情绪的波涛
决定自己人生的方向。他们会利用良好的判断力，根据需要
转动舵轮，让自己保持在通往目标的航线上。

自我控制是在为理性思考创造空间，而不是在盲目地跟
随本能。自我控制就是能够把自己的情绪当作无生命的物体
来看待和管理——除非你允许，否则它们无法决定你做什么。
自我控制就是在自己和自己的情绪之间拉开距离，意识到你
有能力决定如何对情绪做出反应。你可以马上对它们做出反
应，也可以进行清晰思考，考虑它们是否值得你做出反应。

情绪默认值试图消除你与情绪之间的距离，让你在未经
深思熟虑的情况下做出反应。情绪默认值要的是当下的胜利，
即使这意味着毁掉未来。不过，自我控制会让你有能力控制
情绪。

如果你见过一个蹒跚学步的孩子发脾气，你就能清楚地
看到情绪默认值会对一个没有学会自我控制的人产生什么样
的影响。真正可怕的是，有些成年人在对抗情绪默认值时比
蹒跚学步的孩子好不到哪里去。这些人缺乏自我控制，经常
被自己的情绪左右。

　　取得成功在很大程度上意味着拥有自我控制的能力去做任何需要做的事，不管你当时是否想做。从长远来看，情绪的强烈程度远远不及自制力的连贯性更重要。灵感和兴奋可能会让你开始行动，但坚持不懈和日常习惯才能让你持续向前，直到实现目标。任何人都能保持几分钟的兴奋，但一个项目耗时越长，能为其保持兴奋的人就越少。不过，成功的人都会自我控制，他们不管怎样都能坚持下去。并不是所有的事都让人感到兴奋，但他们还是会积极参与。

自信

自信就是相信自己的能力和自己对他人的价值。

你需要拥有自信，才能独立思考，并在面对社会压力、自我、惯性或情绪时立场坚定。你需要拥有自信，才能认识到并非所有的事情都会马上有结果，并专注于为最终取得这些结果而付出应有的努力。

孩子们通过学习拉拉链、系鞋带或骑自行车这些简单技能来增强他们的自信。最终，这种自信会不断发展，并推动他们在成年后发展出更复杂的能力——比如开发软件、绘制壁画或为灰心丧气的朋友鼓劲打气。

自信增强了他们在收到负面反馈后快速恢复的能力，以及在面对不断变化的环境时的适应能力。无论别人是否欣赏你的能力，你都知道自己有什么样的能力，以及它们如何增加了你的价值。如果你已经建立了一种健康的自信，无论遇到什么样的挑战和困难，它都能帮你渡过难关。

自信 vs 自我

　　自信让你有能力执行艰难的决策，并加深你的自我认识。自我会试图阻止你承认自己可能存在的任何不足，而自信则给予你力量去承认这些不足。你就是这样学会了谦逊。

　　没有谦逊的自信基本上和自负是一回事——它是一种弱点，而不是优点。自信的人有勇气承认自己的缺点和不足，承认其他人在某些方面可能比自己做得更好，并会在需要帮助时寻求帮助。

　　对自己能否胜任某项工作心存疑虑是人之常情，即使是能力最强的人也会时不时有这样的疑虑。但那些自信的人从不屈服于绝望感或无价值感。那只是另一种自我陷阱。相反，自信的人始终专注于完成手头的任务，即便完成这项任务需要依靠他人的帮助。每一次成功完成一项任务都会使你更加相信自己，自信就是这么获得的。

自信来自你如何与自己对话

　　与缺乏能力相比，缺乏自信扼杀了更多梦想。虽然自信往往是我们取得的成就的副产品，但它也来自你如何与自己对话。

你脑海中的那个小声音可能会低声说出它的疑虑，但它也应该提醒你，你过去曾经克服过许多困难和挑战，而你一直都在坚持不懈地努力。不论你是谁，你都给那个小声音提供了许多可以提及的积极时刻：尽管你摔倒了成百上千次，你还是学会了走路；也许你第一次没通过考试，但后来你弄明白了问题出在哪里，下一次考试时成功过关；也许你被解雇了，但你没有停滞不前，最终得到了一个更好的职位；也许你结束了一段关系；也许你的生意失败了；也许你第一次踏上滑雪板时感到十分害怕……不管困难是什么，你都已经克服了它，超越了它，并因此而变得更加强大。

与自己交谈，谈论一下你曾经遇到的困境，这非常重要，因为过去的困难会让你有信心去面对未来的困难。

我记得带小儿子去尝试悬崖跳水时，我们俩就遇到了严重的两难困境。到达悬崖顶后，低头看着 25 英尺^① 的落差，他吓坏了，想爬下悬崖。但这是不可能的，因为爬下悬崖比跳下去要危险得多——稍有不慎，他就会跌落到锋利的岩石上。他越往下看，就越紧张。我必须做点什么来帮他依靠他自己摆脱这种情况。

我们做的第一件事就是专注于自己的呼吸。呼吸是一个强大的工具，它可以帮助你平静下来。我们先正常地吸了一

---

① 1 英尺 =0.3048 米。——编者注

口气，然后马上再次小口吸气。我们在抽泣时会自然而然地这样呼吸，这样呼吸会让人感到平静。只有放松了身体，我们才能改变自己在内心中进行的对话。

然后，我问他是怎么和自己对话的，结果发现对话的内容并不好。他很自责，在心里对自己说，一开始爬上悬崖这事儿就很愚蠢，他早应该想到的，当时他害怕极了。我们有时也会像这样在心里和自己对话——至少我是这样。

我们做的第二件事是改变他头脑中的对话。我们知道，我们对别人说的话会影响他们的感受，但我们很少会想到，我们对自己说的话也会影响我们自己。我让他列出一些他已经做过的事情，在做这些事情之前，他也曾感到害怕。问题刚刚问出口，他就开始给我讲起了单板滑雪的经历，还有我们"误打误撞"滑上双黑钻石滑道那次，以及他第一次玩尾浪滑水的事。这样的事情不胜枚举。他遇到过的需要勇气的情况可真不少。

等他第一次意识到他以前已经做过很困难的事了，他就继续专注于自己的呼吸。然后，他一跃而下。没过几秒钟，他就从水里冒了出来，然后爬上悬崖准备跳第二次。我看到他脸上露出了灿烂的笑容。

自信的人不害怕面对现实，因为他们知道自己可以应付。自信的人不在乎别人怎么看待自己，不怕与众不同，他们在尝试新事物时愿意冒险，哪怕自己看起来像个白痴。他们被打倒过很多次，又一次次地重新站了起来，他们知道，如果有必要，他们可以再来一次。最重要的是，他们还知道，要想超越众人，有时就必须以不同的方式行事，而嘲笑者和反对者必然会随之而来。他们接受的是来自现实的反馈，而不是来自大众意见的反馈。

你最需要倾听的声音是提醒你过去所取得的成就的声音。虽然你以前可能没做过某件事，但你一定能想出办法的。

信心和诚实

自信也意味着有勇气接受残酷的事实。我们都必须面对真实的世界，而不是我们希望的世界。你应该停止否认那些对你不利的事实，并开始对困难的现实做出反应，而且越快越好。

我们都有正在否认的事情，因为接受它很难，而人们都想避免接受它所引起的痛苦。也许你眼下的工作没有发展前途，你就要破产了，或者你不愿意承认手中持有的投资进展不顺利。不过，你越快接受现实，就能越快处理这些情况可能带来的影响，而你动手得越早，这些影响处理起来就越容易。在大多数情况下，人们都觉得，自己需要等待合适的时机才能去做某件困难的事。其实这只是个借口，这个借口只是把拖延需要做的事合理化的一种方式。没有什么完美的时机，只有一直等待完美时机的愿望。

自信的人对自己的动机、行动和结果都很诚实。当头脑中的声音可能让他们对现实视而不见时，自信的人能够辨别出来。他们也会倾听周围世界给他们的反馈，而不是四处寻找其他意见。

无论我们相信什么，互联网都能让我们轻松地找到和我们观点一致的人。你可以很快、很容易地被有着同样错误认知的人所包围，但这并不能说明它们是对的。现实并不是一场人气比赛。周围的人告诉你你是对的，并不意味着你真的是对的。一旦跃入被群体所接纳的温水中，就很难再跳出来——又是社会默认值在发挥作用！

我们周围的群体怂恿我们认为是这个世界出了问题，而不是我们自己有问题。我们认为自己是对的，而其他人都是错的。如果我们否认现实，代价则是牺牲我们去适应和改进所需要的精力和专注力。我们这样做是因为这样做的感觉比接受现实更轻松自在，尽管我们只有接受了现实，才能尝试做出改变。而我们在内心深处一直想知道，为什么我们得不到想要的结果。我们想知道，为什么有些人能得到比我们更好的结果，他们在做的事有什么不同。

有一天，我在和一家大型上市公司的 CEO 一起散步时，谈论起他如何为关键岗位挑选员工。

我问道："如果只让你选择一个个性特征来预测一个人将来会如何，你会选什么？"

他回答说："这很容易，我会看一个人有多大的意愿去改变他自认为已经知道的东西。"

他接着说，最有价值的人并不是那些初步想法很好的人，而是那些能够迅速改变想法的人。这类人专注于结果，而不是自我。他说，相比之下，最有可能失败的人是那些痴迷于可以支持他们观点的微小细节的人。

"那种人太过专注于证明自己是正确的，而不是专注于做正确的事。"他说。

正如我之前在有关自我问责的章节中提到的，这就是我所说的"正确的错误面"。当原本聪明的人把客观上最好的结果与对他们个人而言最好的结果混为一谈时，就会发生这种情况。

为了做正确的事，你必须愿意改变自己的想法，而如果你不愿意改变自己的想法，你就会犯很多错。那些经常发现自己处在"正确的错误面"的人，都是那些无法适时地将镜头推远拉近、从多个角度看问题的人。他们局限于一个角度——他们自己的角度。当你不能用多个角度看待问题时，你就会有盲点。而盲点会让你陷入困境。

承认自己是错的并不是软弱的表现，而是有力量的表现。承认别人的解释比你的更好，说明你有很强的适应能力。面对现实需要勇气；修正自己的想法，或是重新认识你以为自己知道的东西需要勇气；告诉自己什么事行不通需要勇气；接受有损自我形象的反馈也需要勇气。

面对现实的挑战最终其实是面对自己的挑战。我们必须承认有些事情是我们无法控制的，并集中精力去做好我们能够控制的事情。面对现实需要我们承认自己的错误和失败，从中吸取教训，然后继续前进。

正确的错误面

有一次，我在纽约做了一个关于如何做出有效决策的演讲，演讲结束后，一位女士走上前来，想问个问题。活动比原计划结束得晚，我很抱歉地告诉她，我真的没时间了，必须赶紧去机场。听我这么说，她提出可以让她的司机送我去机场，而她可以在路上听听我的想法。

我们坐上车，她开始讲起她正在努力解决的一个非常棘手的问题。在她的公司里，她是下一任 CEO 的两名候选人之一，她觉得她所面临的那个问题将决定她的成败。她向我讲述了具体细节，并告诉了我她提出的解决方案。虽然听上去她的想法确实能解决这个问题，但是她的解决方案很复杂，而且执行起来有很大风险。不过还有另一个方案——这个解决方案更简单、成本更低、风险更小。客观地说，后者更好。唯一的问题是，这是她竞争对手提出的方案。

她详细地解释了她的一些想法，花了很多时间和精力为自己辩解，想要证明她的解决方案更好。但其实，到头来她只成功地表达清楚了一件事：她自己的解决方案不是最好的。她站在了正确的错误面，但她就是不想承认。

许多人都有同样的感觉，认为如果是自己错了，他们就会变得毫无价值。我自己以前也常常会这么想。我没有让她继续按自己的想法行事，因为我不想让她在现实中撞得头破血流之后再认识到自己的错误，而是和她分享了我得到的一些关于这种心态和"站在正确的错误面"带来的残酷且代价高昂的教训。

我告诉她，有很长一段时间，我都认为如果我的想法不是最好的想法，那我就什么都不是。我觉得没有人会认为我有价值，没有人会认为我有见解，我觉得我无法做出任何贡献。我竭尽全力让自己一定要显得正确。

直到我开始运营一家企业，我才意识到自己原来的想法错得有多离谱。我告诉她，当一切都压在你的肩上，而且犯错的代价很高昂时，你就会专注于"什么是正确的"，而不是

"谁是正确的"。我越是不再执着于让自己保持正确，得到的结果就越好。我不在乎获得功劳，只在乎得到结果。

"如果你拥有这家公司百分之百的股份，而且一百年都不能卖掉，"我问她，"你更想选择哪个解决方案？"

她沉默了好一会儿才回答。

"我知道我该怎么做了。"她说，"谢谢你。"

几个月后，我的电话响了。是这位送我去机场的女士打来的。①

"你肯定想不到发生了什么事！"她说。"我得到了CEO的职位，而且有一部分要归功于你的帮助。虽然一开始这么做让我很难接受，但我最终还是支持了竞争对手的解决方案，而这最终使得选择的天平向我倾斜。董事会看到我能放下自我，处处以公司的利益为重——即使这意味着要支持与我竞争同一职位的人——他们据此判断，我是CEO的合适人选。"

自信是一种势能，它能让你专注于想清楚什么是正确的，而不是关注谁是正确的。自信是面对现实的势能，是承认错误的势能，也是改变自己想法的势能。你要有自信，才能站在"正确的正确面"。

结果高于自我。

---

① 迄今为止，我一直弄不明白有些人是怎么搞到我的手机号码的。

行动中的势能

自我问责、自我认识、自我控制和自信对做出正确判断至关重要。下面的几个例子可以说明它们是如何共同发挥作用的。

示例 1：打破常规

大多数在情报或保密机构工作的人最终都会在那里度过整个职业生涯。为什么不呢？ 那里有高薪和与通货膨胀挂钩的养老金，而且，那里是一个以任务为中心的组织，在那里工作的都是聪明绝顶、兢兢业业的人。

所以，当年我告诉同事们我要辞职时，他们都惊讶极了。他们对我说了所有的风险，告诉我失去宝贵的养老金和福利是多么的不划算。他们关注的是我会失去什么，而不是我会得到什么——最主要的，是支配时间的自由。

离开这份工作就展现了这四种势能在行动中的样子。我有自信，所以不需要知道所有细节，就很清楚接下来会发生什么；我有自我认识，知道对我来说时间比金钱更重要；我会自我控制，所以每天早晨都能毫不迟疑地起床工作，从不赖床；我可以自我问责，能为自己的工作表现设定比以往更高的目标。

如果没有自我认识，我永远不会知道什么能让我感到快乐；如果没有自信，我就不会离开那份"旱涝保收"的工作；如果没有自我问责和自我控制，我可能知道该做什么，但我的日程会被简单忙碌的工作填满，而不是那些可以推动我前进的活动。

示例 2：对抗社会默认值

假设你根据以往的经验，知道自己很容易受到社会压力的影响。比如，你有好多次被销售员软磨硬泡，买过不想买的东西；你也曾经答应软磨硬泡的同事，接受你没有精力承担的工作；或者，你就是不相信，自己单单靠意志力就能在将来做得更好。

为了保护自己不受社会默认值的影响，你决定实行一项保护措施。你为自己制定了一条规则：没有经过一天的仔细思考，就永远不要答应一件重要的事。

　　实行这项保护措施并不是件令人愉快的事。让别人等上一天可能在当下会让人感到不自在，但是这项保护措施带来的长远结果是值得的。自动规则看似简单，却能在日常情况下取得成效。我们将在下一章探讨自动规则这个话题。

　　实施这一计划展现了我提到的那四种势能。知道自己容易受社会压力的影响、知道自己对抗压力的能力极限，都需要自我认识；决定采取行动去对抗这一弱点，以确保将来有更好的结果，则需要自信；另外，遵守你为自己制定的规则需要自我问责；而为了长期的利益克服平凡时刻的短期不适，正是自我控制的表现。[①]

　　这四种势能都是对抗社会默认值的影响所必需的。一旦你可以让它们共同发挥作用，你就会惊讶地发现，自己能够完成以前看似不可能完成的任务。现在，让我们来看看如何增强这些势能。

① 　规则创造了有惯性的习惯——这条规则就以这种方式利用了人性中让我们永久陷入困境的那一面。

制定标准

如果你经常与人建立关系……就会不可避免地变得像他们一样……把一块熄灭的煤放在一块燃烧的煤旁边，要么熄灭的煤会使燃烧的煤熄灭，要么燃烧的煤会把熄灭的煤点燃……请记住，如果你与满身污垢的人厮混，你自己身上也难免会有点肮脏。

——爱比克泰德（Epictetus）

《哲学谈话录》（*Discourses*）

增强任何一种势能的第一步都是提高你对自己的要求。实际问题是，看看你周围的日常环境中的人和他们的做法。

周围的环境影响着我们——这里说的环境既包括我们的物质环境，也包括我们周围环境中的人。人生中很少有什么事比避开错误的人更重要。我们很容易认为自己足够强大，可以避免重蹈他人覆辙，但一般来说情况却并非如此。

我们会在不知不觉中变成我们身边人的样子。如果你为某个头脑不灵光的人工作，那你自己的头脑迟早也会变得不灵光；如果你的同事很自私，那你迟早也会变得很自私；如果你和刻薄的人待在一起，那你也会慢慢变得刻薄。渐渐地，你的思想、感情、态度和标准会与你周围的人越来越一致。这些变化太慢，一开始并不会引起注意，直到它们大得已经积重难返。

变得和周围人一样，意味着随着时间的推移，你会开始采用他们的标准。如果你看到的都是普通人，那么你最终就会用普通标准要求自己。但是，普通标准不会带你到达你想去的地方，也不会为你带来你想要的结果。标准会变成习惯，而习惯又会变成结果。很少有人意识到，卓越的结果几乎总是由有着高于平均标准的人取得的。

最成功的人总是有着最高的标准，他们不仅对别人如此，而且对自己也一样。比如，有一次我被派到一个偏远的地方工作，我在一次会议上站起来解释一次行动的某个部分如何运作，过了一会儿，这一领域的一位公认的专家打断了我的话，他让我弄明白自己在说什么以后再说话。然后，他站起来对这个部分做了解释，我没想到他解释得那么详细。会后，我去他的办公室和他谈了谈。他解释说，虽然他不知道我原来工作的地方是什么样的，但这里的标准是，除非你知道自己在说什么，否则就不要发言。

　　不是冠军创造了卓越的标准，而是卓越的标准造就了冠军。[1]

　　表现出色的人们始终以高标准要求自己。有的运动员或团队的表现优秀，并不能用运气或天赋来解释，仔细分析你就会发现，他们成功的秘诀都是以高标准要求自己。新英格兰爱国者队和他们的教练比尔·贝利奇克（Bill Belichick）在20年间赢得的比赛比任何其他美国国家橄榄球联盟球队都多。不仅如此，他们能取得这样的成就还因为他们为实现公平竞争制定了工资帽[2]，因此不太可能再出现其他像他们这样的"王朝"了。全明星角卫达瑞尔·雷维斯（Darrelle Revis）曾是全美最佳角卫，有一天训练时他迟到了几分钟，贝利奇克教练马上把他赶回了家。贝利奇克并没有小题大做，他的态度很坚决。贝利奇克的原则是，雷维斯不应享受与其他球员不同的待遇。虽然在其他球队，明星球员触犯纪律后有可能逃避惩罚，但是在贝利奇克这里绝对不行。雷维斯既然是新英格兰爱国者队的一员，他就必须达到这个球队要求的标准。

　　最好的老师期待着学生和他们自己都能有更好的表现，

---

① 这句话受到了比尔·沃尔什（Bill Walsh）的名言的启发："冠军在成为冠军之前就已经表现得像个冠军了。在他们获胜之前，他们就在以获胜的标准要求自己的表现了。"

② 工资帽是职业体育联盟中设定的球队在球员薪资方面的上限，它规定了球队在一定时期内可以支付给球员的薪资总额。——编者注

而大多数情况下，学生们不会辜负老师的期望。最优秀的领导者则期望员工有更好的表现；他们对员工的要求和对自己的要求一样高——比大多数人想象中的标准还要高。

低标准的聪明人

对领导者来说，一般结果和出色的结果之间的差别，往往取决于聪明但懒惰的人能否持续地产出更多。我曾经与一个聪明但懒惰的人共事。那时我刚刚升职，他给我发了一份草稿，请我给了"指导和反馈"。草稿写得很糟糕，通篇都是显而易见的错误，而实际上他是可以写得更好的。我知道这一点，他也知道。

如果你在一个大型机构工作，我相信你也遇到过类似的事情。有人写了一份没什么实质内容的半成品草稿，把它发给别人，等着别人来修改。这个做法利用了我们的一个默认值：我们喜欢纠正别人。如果有人做错了什么事，我们几乎会情不自禁地告诉对方如何用正确的方法去做这件事。所以到头来，真正干活的是你，而他们没花多少时间就完成了工作，并获得了认可。这种做法确实聪明，但也真的懒惰。

我可不想把晚上（或者说我的整个职业生涯）剩下的时间都用于为这个家伙做修改工作，我需要找个办法改变他的行为。但是该怎么做呢？

我想起了我读过的一段关于亨利·基辛格（Henry Kissinger）的轶事。一个工作人员起草了一份备忘录，放在基辛格的桌子上让他过目。过了一会儿，基辛格找到他，问他是不是没法写得更好了。这个工作人员说不是的，并重新写了一份备忘录。第二天，这个工作人员遇到了基辛格，问他觉得这次怎么样。基辛格再次问他，这是不是他能写出来的最好的备忘录了。这个工作人员拿走备忘录，又重写了一份。第三天早上，同样的情况发生了，只是这一次，这个可怜的工作人员说，是的，他确实没法写得更好了。基辛格说："好的，现在我可以看了。"

我决定采用基辛格的办法。我只是简单地回复邮件说："这是你能写出来的最好的草稿吗？"

那个家伙回复说不是，要求我给他几天时间理清思路，然后又给我发了一份他认为有很大改进的版本。我没有打开文件，而是又回复了那句话。

他回答说："是的，这是我能写出来的最好的草稿了。"

我读了那个版本，写得确实非常棒。现在我知道了他有能力做到什么，他也知道我知道了他的能力，我告诉他，我期待他每次都能做到这么好。我通过这件事确立了明确的标准，自那以后，他从没让我失望过。

我们为何会接受低标准

大多数时候，我们接受自己的工作表现低于标准，是因为我们并不真正在乎这个工作。我们告诉自己，这已经足够好了，或者说，鉴于时间有限，这已经是我们目前所能做到的最好了。但事实是，至少在这件事上，我们并没有尽力做到最好。

我们接受别人低于标准的工作成果，也是出于同样的原因：我们没有全身心投入。当你尽力追求卓越时，你就不会允许团队中的任何人不全身心投入。你设定了标准，并将其定得很高，你期望与你一起工作的人也能同样努力，并能达到或超过你期望的标准，而任何低于标准的情况都是不能接受的。

当张瑞敏接任青岛电冰箱总厂（家电公司海尔的前身）的厂长时，公司已濒临倒闭。为了给员工们一个明确的信号，张瑞敏让他们在外面集合，让他们亲眼看着他指挥人把 76 台不合格的冰箱用大锤砸烂。此后，在他任职期间，张瑞敏一直把一把大锤放在董事会会议室的玻璃柜里，作为他以高标准要求公司的象征。

卓越要求卓越

技艺精湛的大师不会只想在事项清单上打个钩，然后就罢手去做别的事了。他们献身于自己在做的事，并坚持不懈地做下去。

大师级的工作需要近乎疯狂的标准，所以大师们告诉了我们，标准应该是什么样的。沟通大师不会接受一封冗长沉闷、不知所云的电子邮件。程序开发大师不会接受一串丑陋的代码。任何领域的大师都不会把不清楚的解释当作理解。

除非我们提高对自己和任何可能发生的事的标准，否则我们永远无法在任何事上做到出类拔萃。对大多数人来说，要做到这一点好像要费很多力气。我们很容易软弱和自满。我们更愿意不费力地取得成功。这固然可以，不过你要认识到这一点：如果你做的是别人都在做的事，就只能得到和别人一样的结果。如果你想要不同于别人的优异结果，就需要提高自己的标准。

直接与大师一起工作是最好的教育方式，也是提高标准最可靠的方法。他们的卓越表现要求你也有卓越表现。但我们大多数人都不会如此幸运，难以得到这样的机会。不过，也不是毫无希望。如果你没有机会直接与大师一起工作，你仍然可以通过阅读关于他们和他们的工作的书，让自己置身于拥有更高标准的人群之中。

榜样 + 练习

通过提高标准来增强势能包含两个方面。

- 选择合适的榜样——那些能提高你的标准的榜样。榜样可以是与你共事的人，可以是你崇拜的人，其至可以是古人，这都不重要。重要的是，他们能让你在某个方面变得更好，比如你的技能、个性特征或价值观。
- 你要尝试通过某些方式模仿他们。在当下给自己创造空间，思考一下，如果他们处在你的位置会怎么做，然后照做。

让我们来逐个探讨上述两个方面。

在上一节中，我们讨论了大多数人从未想过的问题：如果你对生活中出现的人不加分辨，那么最终你周围的人将是出于偶然而不是出于选择聚集起来的。这个群体包括你的父母、朋友、家人和同事。当然，你高中时的朋友也许性格温和，智力超群，在这两方面都是优秀榜样，但他们很可能只是些普通人。当然，你的父母也许属于世界上最精明的商人群体，但很有可能他们并不是。我并不是说你应该把这些人清除出你的生活，控制你的环境只是意味着你要有意识地在这些人之中加入一些榜样。

你的榜样

让我看看你的榜样，我就能说出你会有怎样的未来。

我刚开始在一家情报机构工作时，我很崇拜我的同事马特（Matt）。说起操作系统的工作原理，以及如何巧妙地通过各种方式利用操作系统为自己服务，这个世界上恐怕无人能出其右。马特让我印象最深的是他令人难以置信的高标准。和迈克尔·乔丹（Michael Jordan）一样，马特追求完美，将天赋和一流的职业道德结合在一起。（当然啦，既然他是世界上最优秀的人当中的一员，有这样的追求和表现也没什么好奇怪的。）

在马特面前，你最好不要轻易发言，除非你确实知道自己在说什么，否则他就会不断地纠正你。他的存在提高了整个团队的标准。他不仅比别人工作更努力，而且还总能为复杂的问题找到精妙的解决方案。马特是一个榜样：一个以模范的方式存在的人。他向我展示了什么事是可能的。

我很幸运。我原本可能遇到一个普通上司，但却幸运地遇到了马特。不过，你要想进步，并不一定要靠运气。你可以主动地选择你想效仿其行为的人，把他们作为你的榜样，而不是仅仅希望自己最终能和他们中的一个人共事。

当你选择了正确的榜样——那些标准比你高的人——你就能超越从父母、朋友和熟人那里所继承的标准。你的榜样会告诉你，你的标准应该是什么。彼得·考夫曼曾对我说："没有什么技巧比学习和采纳他人的优秀模式更能造就我人生的成功。"

这样的智慧由来已久。在给朋友鲁基里乌斯（Lucilius）的信中，塞涅卡（Seneca）[1] 敦促他选择一个榜样或楷模作为他遵循的标准：

内心应该有一个值得尊重的人，这个人的权威甚至可以使心灵的圣地更加神圣……如果一个人能够如此敬重一个人，甚至哪怕仅仅是想起这个人都能让他心灵平静，并能为他指引方向，这个人该有多幸福啊！能够尊重他人的人也会很快

---

[1] 吕齐乌斯·安涅·塞涅卡（Lucius Annaeus Seneca，约公元前 4 年—65 年），古罗马政治家、斯多葛派哲学家、悲剧作家、雄辩家。——译者注

得到他人的尊重。因此，大家应该选择成为加图① 那样的人，如果这个要求太严苛了，也可以选择成为一个更温和的人——像莱利乌斯② 那样。选择一个生活和言论都让你满意的人，并且这个人表里如一，永远把他当作你的导师或模范。我坚持认为，我们有必要找一个人，来与我们的生活方式做对比；除非你有一把尺子，否则你无法把已经弯曲的东西弄直。

我们选择的榜样，他们本身拥有我们希望自己拥有的原则和决心，以及整体的思考、感受和行动模式。作为榜样的他们为我们指引了方向。这种榜样的作用就像夜空中的北极星。

大多数人都不愿意采用并遵循马特的标准，因为这些标准太过严苛。然而，如果你愿意付出努力，马特就是一条通往卓越的捷径，它就在我们面前，只是隐而不露。处于钟形曲线③ 最右侧的人（"正异常值"）可以教给你一些技巧、窍门

---

① 这里的加图指的应该是小加图（Cato the Younger），罗马共和国末期的政治家和演说家，他是一个斯多葛学派的追随者，因其传奇般的坚忍和固执而闻名，他拒绝受贿、诚实正直，厌恶当时普遍的政治腐败。——译者注

② 盖乌斯·莱利乌斯·萨皮恩斯（Gaius Laelius Sapiens，生于约公元前 188 年）是一位罗马政治家，因与罗马将军兼政治家小西庇阿（Scipio Africanus the Younger）的友谊而闻名，被称为"智者"。——译者注

③ 即正态分布密度曲线，两端低中间高。——编者注

和见解，而这些可能需要你用一生的时间去学习。他们已经完成了较为繁重的那部分工作，已经为这些教训支付了"学费"，所以你就不用再交了。于我而言，向马特学习并努力达到他的标准使我更快地从新手变成了能手。

你也可以环顾四周，寻找那些身上具有你想拥有的特质的最佳榜样——他们的默认行为就是你所期望的行为，他们可以激励你提高标准，让你想成为更好的自己。

你的榜样不需要是还在世的人，也可以是已经故去的人，甚至可以是虚构的人物。我们可以向阿蒂克斯·芬奇（Atticus Finch）[①] 和沃伦·巴菲特学习，也可以向成吉思汗和蝙蝠侠学习。具体选择谁，取决于你。

你的个人董事会

把所有的榜样放进你的"个人董事会"，这个概念最先是由作家吉姆·柯林斯（Jim Collins）提出来的：

20世纪80年代初，我让比尔·拉齐尔（Bill Lazier）担任我的个人董事会的名誉主席。论及我选择成员的标准……并非他们是否成功。我选择他们是因为他们的价值观和品格……他们是我不想令其失望的那种人。

---

① 小说《杀死一只知更鸟》（*To Kill a Mockingbird*）的主角。——编者注

你的个人董事会里的榜样人物可以一部分有很高的成就，另一部分品格高尚。唯一的要求是：他们具备你想拥有的技能、态度或性格。他们不一定是完美的。每个人都有缺点，你的个人董事会的成员们也不例外。不过他们每个人都要在某些方面比你优秀。你的工作就是弄清楚他们哪些方面比自己优秀，并学习这些优秀方面，同时忽略其他方面。

我看到人们犯的最大的错误，就是不愿意向有性格缺陷的人或世界观与自己不一致的人学习。塞涅卡在《论心灵的宁静》（*On the Tranquility of the Mind*）一书中说："只要某句话说得漂亮，我绝不会因其作者本人不堪而不去引用，不会因此而觉得羞愧。"他的这种观点非常正确。或者，正如老加图（Cato the Elder）所言："注意不要轻率地拒绝向他人学习。"不要因为苹果皮上的一块伤痕而丢掉它。

你的个人董事会并不是一成不变的——你应该不断地调整这份名单，其成员可以随时变动。说回《教父》这个故事，它告诉我们，有时你需要和平时期的顾问，有时你需要战时的军师。有时你已经从某个人身上学到了想学的东西，你想用其他人来取代他，而每个榜样人物都会把你引向下一个人。

大师们有着不同的标准——往往是既优雅又美丽的标准。当你把大师们请进你的董事会，你就为自己提高了标准。以前看起来足够好的东西，现在看起来可能就不够好了。

我的榜样之一是亿万富翁查理·芒格，他是沃伦·巴菲特的商业伙伴。他提高了我对于发表意见的标准。一天晚上吃饭时，他说："除非我比对方更了解他的论点，否则我从不允许自己对任何事情发表看法。"

他简单的一句话就提高了我的标准！许多人都有自己的观点，但很少有人能为了表达自己的观点而去做足够多的功课。做功课意味着，你能比真正的对手更好地反驳自己。它迫使你挑战自己的信念，因为你必须从两方面进行论证。只有当你付出努力去做功课时，你才能真正理解一个论点，才能真正了解支持和反对这个论点的理由。通过这些工作，你获得了坚持一个论点的信心。

能直接与自己的偶像一起工作是最棒的，没有什么学习方式能和它相比。与人当面交流的好处在于，可以自然地来回互动——这更像是一种辅导关系，而不仅仅是一方作为榜样，另一方作为模仿者。有这样的个人关系，你也可以在需要的时候求助。但是，一个人并不总是有机会可以和自己崇拜的人一起工作。尽管如此，这并不意味着你可以降低要求，退而求其次，接受你周围平庸的人。

口袋里的手机可以让你接触到世界上最聪明的那群人，无论是在世的还是已经过世的。即使你无法与他们直接接触，也可以经常听到他们用自己的方式讲话——没有经过"过滤"

的、原汁原味的那种！想想看，有史以来第一次，你有机会听你的榜样们用他们自己的方式对事情进行阐述，没有他人介入其中。[①]

如果你的偶像是托比·卢克（Tobi Lütke）（他创办的 Shopify 是有史以来最成功的公司之一），你就可以在网上搜到无数对他的采访，好好观摩学习，学习他如何思考、如何做决策、如何经营公司。对彼得·考夫曼、沃伦·巴菲特、杰夫·贝索斯、汤姆·布雷迪（Tom Brady）、西蒙娜·拜尔斯（Simone Biles）、塞雷娜·威廉姆斯（Serena Williams）或凯蒂·莱德基（Katie Ledecky）这样的大师，也可以采用这样的方法。

你还可以在历史上的伟大人物中选择：理查德·费曼（Richard Feynman）、乔治·华盛顿、夏尔·戴高乐（Charles de Gaulle）、温斯顿·丘吉尔（Winston Churchill）、可可·香奈儿（Coco Chanel）、查理·芒格、玛丽·居里（Marie Curie）、马可·奥勒留（Marcus Aurelius）。他们都已准备好接受你的邀请，成为你的个人董事会的成员。你要做的就是收集他们最精华的思想，在你的头脑中把它们联合起来。正

---

① 现在，即使是书籍也要经过编辑的"过滤"。我想你可能会争辩说，过去有人可以不需要经过"过滤"直接出版一本书，不过我认为我的观点已经表述得很清楚了。

如蒙田所言："我收集别人的鲜花编成花环，除了捆扎鲜花的细绳，没有任何东西属于我。"

如果你有自己的个人董事会，你就永远不会单打独斗，那些大师一直都会在你身边。你可以想象他们看着你做出决策并采取有力行动时的情景。而一旦你想象他们在看着自己，你的行为就一定会受到这些"观众"的影响。他们会帮助你制定出你努力想要达到的标准，并给你一把尺子来衡量你的做法。如果你没有达到目标——没有写出一本畅销书，没有成为亿万富翁，也没有每天坚持锻炼——你也不是一个失败者。你不是在和自己的榜样们竞争。你唯一的竞争对手是昨天的自己。今天能比昨天更好一点儿，就是胜利。

你的好行为仓库

选择合适的榜样有助于建立你的好行为仓库。当你阅读别人写的东西时，当你与他们交谈时，当你从他们的经验中学习，也从自己的经验中学习时，就意味着你已经开始建立起一个关于情况和反应的数据库了。建立这个数据库将会是你做的最重要的事情之一，因为它有助于在你的生活中创建理性思考的空间。你不再做出反应、简单地模仿你周围的人，而会想："这是门外汉的做法。"当你面对一个新情况时，你就会拥有一份处于钟形曲线最右侧的人在类似情况下的反应目录列表。你的基准反应会从好变成极好，即从直接反应到经过深思熟虑后再行动。

不管你的直觉如何，你的个人董事会都可以把你拉向正确的方向。

如果你的个人董事会由品格高尚的人组成，你最终也会想成为品格高尚的人。你会自信地表明自己的道德立场，并在社会潮流朝错误的方向发展时做到特立独行，而无须随波逐流、被动行事。你的个人董事会给了你勇气和洞察力，让你可以朝着最好的方向前进。

关于榜样的最后一点说明：正如其他人会出现在你的个人董事会中一样，你本人也会出现在其他人的董事会中，成为他们的榜样。丹泽尔·华盛顿（Denzel Washington）的话就提醒我们注意到这一点："你永远不知道你会触动谁。你永远不知道自己会在何时以及如何产生影响，也不知道自己这个榜样对于别人有多重要。"

也许是大厅里的那个新员工，也许是你的孩子，又或许是你的表弟。这都不重要。重要的是，在某个地方会有一个人仰望着你，把你的行为当作为他们指明方向的北极星。你所做的一切都有可能使别人的生活变得更好。正如塞涅卡所言："一个人不仅能在当着别人的面时，甚至只是在别人心中时都能使别人变得更好，那他就是个幸福的人！"

练习、练习、再练习

品格的力量源于习惯……我们获得力量就像我们掌握技能一样……比如，我们通过练习建房子成为建筑工人，我们通过练习演奏竖琴成为竖琴演奏家。因此，同样地，我们通过践行公正的行动变得公正，通过有节制的行动变得有节制，通过勇敢的行动变得勇敢。

——亚里士多德（Aristotle）

《尼各马可伦理学》（*Nicomachean Ethics*），

第2卷，第1章

仅仅挑选出榜样并组建一个个人董事会还不够。你还必须效仿他们的做法并身体力行——不是一两次，而是一次又一次地重复。只有这样，你才能把他们体现出的标准内化，成为你想成为的那种人。

模仿你的榜样需要在当下创造空间练习理性思考，评估你的想法、感受和可能的行动方案。这样做可以重新训练你过去的行为模式，使之与你榜样的模式更加一致。

要想在你的思维中创造理性思考的空间，其中一个方法是问问自己，如果你的榜样处在你的位置，他们会怎么做。很自然地，一旦你想象他们在看着你的一举一动，你就会做出决策，并将决策付诸行动。比如，如果你正在做一个投资决策，问问自己："沃伦·巴菲特会怎么做？"同样地，问问自己："我该如何向我的个人董事会力荐这个想法呢？他们会关心哪些因素？他们会认为哪些因素无关紧要？"

如果你想象中的榜样在看着你，你往往会努力去做所有你知道他们希望你做的事情，而避免做你知道会妨碍你的事情。

经常进行这种思维练习很重要。你必须不断练习，直到你掌握了一种新的思考、感受和行动的模式，直到这种模式成为你的第二天性：它成了你的组成部分，而不仅仅是你想成为什么样的人。

增强势能的一个策略是在沙盒中练习。你可能已经猜到了，沙盒是个比喻。它是模拟的练习，所以你所犯的任何错误都相对没那么重要，而且结果也很容易逆转。在控制成本的同时，沙盒允许你犯错并从错误中学习。当风险更大、结果更重要且更难逆转时，提前在沙盒中练习增加了实际操作时成功的可能性。

人们之所以通常一开始只管理一个人或一个小团队，而不是整个组织，原因之一就是在这种情况下，失败是可控的。

从小规模的管理者角色开始，也可以看作一种沙盒练习。当你管理整个组织时，和管理一个团队相比，前者犯错误的成本更高，也更难控制。

"实战练习"是无可替代的。你在练习时会不可避免地犯错，但沙盒可以消除或减轻错误不利的一面。在我曾经供职的情报机构，在行动前，我们总会在一个可以不怕失败的环境中进行练习和模拟。我们把练习当作正式的行动来对待；我们会做所有在行动计划中需要做的事，并尽力预测和应对所有可能发生的情况。如果模拟演练中有些事情没有按原计划进行，我们就会进行调整。另外，有时候我们的确会失败。不过，在沙盒中，这些失败其实提供了学习的机会，并且不会对现实世界造成什么影响，与之相比，在实际行动中失败则有可能让我们付出生命的代价。

第三部分
管控弱点

当你学会不是动不动就责怪他人，而是专注于自己能控制的事情时，生活就会变得更简单。

—— 詹姆斯·克利尔（James Clear）

说起掌控生活，其中的一部分就是学会控制自己能控制的事情。而另一部分，则是学会管理自己无法控制的事情，比如个人的弱点或薄弱之处。

你可以回想一下我们之前讨论过的关于电脑的类比。每个人都有能力改变自己的程序——至少在某种程度上是这样的。在某些情况下，你可以重写现有的算法，重新设定你对情绪、社会压力，以及针对你自我认知的威胁该如何反应。重写这些算法，是增强自身势能的好方法。

但有的时候，有些有害的算法是我们无法重写的。比如，我们无法改变自己的生物本能，这种本能是一种天生的倾向，让我们抵抗任何试图改变自己的外力。虽然我们无法改变这些生物本能，但并不意味着我们无法控制它们。而要想控制生物本能，我们只需要在生活中设置新的子程序，它们可以帮助减轻或控制那些有害的影响。增加此类子程序就是管控弱点的一种方法。

了解自身的弱点

我们每个人都有弱点，其中许多弱点是人类的生物学特性所决定的。例如，我们容易感到饥饿、口渴、疲劳、睡眠不足、情绪激动、注意力分散或压力过大。所有这些情况都会促使我们对其做出反应，而不是进行清晰思考，这会让我们忽视生命中的决定性时刻。

因为我们能看到和知道的东西有限，所以每个人看待事物的角度也是有限的。此外，即使缺乏相应的知识，人类也倾向于匆忙地形成判断和观点。我们已经看到，自我保护的本能、群体成员的身份、等级制度和领地意识都会引发错误的判断，从而伤害我们自己以及身边的人。

人类的一些弱点并不是天生就有的，而是后天养成的习惯，并在惯性的作用下一直伴随着我们（见表 3-1）。

如果行动与后果之间存在延迟，坏习惯就很容易养成。比如，你今天多吃了一块巧克力，或是犯懒没去锻炼，你并不会突然从健康变得不健康。偶尔工作到很晚，有几个晚上错过与家人共进晚餐，也不会立即破坏你们之间的关系。某一天，你把上班时间花在了社交媒体上，没好好工作，也不会立即就被解雇。然而，你的这些选择，最终会因为重复而变成习惯，日积月累起来，就会变成灾难。

　　导致失败的公式，其实就是不断重复一些小错。虽然结果不会立即显现，但这并不意味着失败的结果不会到来。每个人其实都足够聪明，知道小错不断会带来什么样的结果，只是人们不一定意识到最终的结果何时到来。不断做出好的选择，会让时间成为你的朋友，而不断做出坏的选择，则会让时间成为你的敌人。[①]

表 3-1　我们身上的弱点示例

先天弱点的例子	后天弱点的例子
饥饿 口渴 疲劳 睡眠不足 情绪 分心 压力 观点局限 认知偏差	因情绪冲动而采取行动 能力够但努力不足 因为恐惧而拒绝开始做某事 只看到自己的观点 不劳而获

　　无论我们的弱点是什么，无论这些弱点的根源是什么，

---

① 吉姆·罗恩曾说过："失败的定义之一就是每天重复犯一些判断错误。"而詹姆斯·克利尔在《掌控习惯》（*Atomic Habits*，字面意思是"原子习惯"）一书中总结道："好习惯让时间成为你的朋友，坏习惯让时间成为你的敌人。"

如果我们不对其加以管控，它们就会轻而易举地控制我们的生活。而且，我们往往意识不到自己受到了这些弱点的控制。

管控弱点的方法

管控弱点有两种方法（见表3-2）。第一种是增强自己的势能，它可以帮助你克服后天形成的弱点。第二种方法是采取保障措施，它可以帮助你管控那些仅靠自身的势能难以克服的弱点。此外，保障措施还能帮助我们管控那些看起来不可能克服的弱点——例如，由于生物限制而造成的弱点。

表3-2 管控弱点的方法

如何管控与生俱来的弱点	如何管控后天形成的弱点
保障措施	增强势能 + 保障措施

在第二部分中，我们讨论了增强势能如何克服我们后天形成的弱点。例如，培养自我控制能力使你能够克服情绪驱动的行为，避免由此产生的遗憾。培养自信能让你克服惯性并执行艰难的决策。它能让你克服社会压力，让你有勇气和力量拒绝从众。它还能让你战胜你的自我，承认自己的不足，并开始走上做得更好、表现更好的道路。

视觉盲点

在我们的弱点中，有一类是我们在了解事物时的自身局限性，可以将其称作盲点。我们都熟悉视觉盲点的概念。在眼球后部视网膜上，有一个凹陷，那里没有视觉细胞，因此无感光能力。物体的影像落在此点上不能引起视觉，所以人们称之为"盲点"。此外，超出一定距离，或是在光线不足的环境中，我们也无法看清事物。除了盲点，可以说我们还有"聋点"——低于或高于一定频率的声音我们就听不到了。

我们在感知方面存在盲点或聋点，而在认知方面，我们的思考和判断能力也存在类似的情况。人类通过自然选择所继承的认知能力，并不是为了达到最高的准确性，而只是为了增加自己生存和繁衍的机会。其实，其中一些认知能力甚至根本就不是为了准确性而设计的。这些认知能力之所以存在，是为了帮助我们躲过生存和繁殖的可能性所受到的严重威胁。

可以想想兔子的例子，即使没有遇到真正的威胁，兔子也极容易受惊逃跑。兔子之所以有这种行为倾向，是因为通过进化的筛选，那些倾向于确保安全而不是冒险的兔子生存下来了。因错误的负面反应而付出的生存成本，远远高于因错误的正面反应而付出的成本。我们的许多认知偏差也可以这样来解释。认知偏差最初的设计目的是让我们倾向于开展获得生存和繁衍机会的行为，而远离可能损害生存和繁衍机会的行为。

例如，对人类的史前祖先来说，融入群体和根据有限的信息迅速采取行动，对于确保生存都具有价值。但这两种倾向都会给我们带来更多认知盲点，导致判断失误。

盲点以外

仅仅了解自己存在偏见和其他盲点是不够的，我们还必须采取措施来管控它们，否则，我们的默认值就会反过来控制我们。

有些盲点是由我们采纳的视角造成的。对于客观事物，我们不可能穷尽所有可能性，不放过任何细节，从每一个角度对其进行了解。比如打扑克的时候，如果玩家能完全了解谁手里有哪些牌，就不会犯任何错误。但实际上，玩家只能看到自己的牌，以及打出来的正面朝上的牌。由于看不见其他牌，他们难免会犯错误。

虽然在打扑克时（或在其他情况下），我们只能猜测别人为什么会采取特定的行为，但我们最大的盲点，是往往不知道自己存在弱点。著名物理学家理查德·费曼有一句名言："第一条原则就是不要自欺——而你自己是最容易被欺骗的人。"

我们之所以往往看不到自身的弱点，主要有三个原因。

第一，我们很难发现这些弱点，因为它们是我们习惯的思考、感受和行动方式的一部分。经过长期的习惯养成过程，一些存在缺陷的行为已经根深蒂固。这些弱点已经成了我们的一部分，即便它们与我们为人处世的目标不一致。

第二，看到自己的弱点会挫伤我们的自尊心，尤其是当这些弱点已经成了自己根深蒂固的行为时。这和缺乏一技之长之类的弱点还不一样，因为一旦认识到这些根深蒂固的弱点，我们就会在内心对自己做一番评价。在审视自己的时候，我们倾向于适可而止，不去彻底深挖。而且，对于一些挑战自我形象的信息，我们往往拒绝接受。

第三，我们观察的视角有限。对于自己身处其中的系统，我们很难看得清楚，正所谓"不识庐山真面目"。如果你现在回顾 16 岁时的自己，肯定想不起来自己当时在想什么，那么，等未来的你回顾现在的自己时，恐怕也同样不知道现在的自己心里有何想法。未来的自己回头看现在的自己时会有怎样的视角，现在的我们是完全预见不到的。

视角和人的本性使我们很难看到自己的弱点，却又能轻易看到别人的弱点。论及自己的同事和朋友哪方面弱、哪方面强，几乎人人都是专家。然而，要知道，别人也会同样清楚地看到我们的弱点，这恐怕让我们很难接受。如果我们能从这个世界上得到关于自己弱点的反馈，这可是个难得的机会，因为这些反馈可以让我们变得更好，使我们更接近自己真正想成为的那种人。请你采取明智的行动，善用这些机会！

本福德号上的盲点

美国海军本福德号导弹驱逐舰（USS Benfold）的故事为我们提供了一个如何认识和克服盲点的重要范例。

本福德号曾经是美国海军中表现最差的军舰之一。它于 1996 年服役，被编入太平洋舰队，舰上拥有当时美国海军最先进的导弹以及其他技术。比如，它的雷达系统非常先进，甚至能跟踪 50 英里 ① 外的一只鸟。本福德号的任务是随时做好准备，加入战斗。但有段时间它却表现不佳。

尽管前几任舰长的军事履历都很辉煌，但他们始终无法扭转整艘舰艇的表现。一艘战舰的表现很大程度上取决于人，而不是建造舰艇本身的技术是否先进。

对领导者来说，最重要的事情莫过于充分发挥每个船员的作用。要想做到这一点，通常需要消除限制发挥个人潜力的障碍。如果使用技术的人不被重视，那么无论你有世界上

---

① 英里，英制长度单位。1 英里 =1609.344 米。——编者注

多么先进的技术，都不会让局面变得更好。

后来，迈克尔·阿伯拉肖夫（Michael Abrashoff）被任命为舰长。自那一天起，本福德号的命运发生了改变。当上本福德号的舰长时，阿伯拉肖夫才 30 岁出头，是第一次担任舰长的职务。他后来回忆说，当时，"在这艘表现不佳的军舰上，有一群闷闷不乐的船员，他们不想待在舰艇上，而且恨不得马上脱掉这身海军军装"。然而，用了一年半左右，阿伯拉肖夫就把本福德号改造成了美国海军中表现成绩最好的舰艇之一。需要指出的是，他是在美国海军令人窒息的森严等级制度下做到这一点的。

他究竟是如何做到的呢？

这正是他令人难以置信的地方。他既没有开除任何人，也没有给任何人降级。他也没有改变海军的等级制度。此外，他还没有改进任何技术。唯一真正发生的改变，出现在他自己身上。他的做法，是尝试找一下自己是否存在什么盲点，并尝试从船员的角度来看待整艘舰艇上的世界。

上任后不久，阿伯拉肖夫观察了舰上周口下午的甲板露天烧烤餐的用餐情况。他发现船员们都排着长长的队伍等餐，但是军官并不排队，总是径直走到队伍的最前面。不仅如此，在取完餐后，军官们都会到独立的甲板空间享用，不和船员们一起用餐。想象一下，如果你是船上的一名船员，而你的上司总是走到你前面插队，这会传递什么信息？ 看到他的这种做法，你还愿意全力以赴地工作吗？ 此情此景，是否会让你在心里想，应该找个办法来改变这艘舰艇上的规则？

阿伯拉肖夫回忆道："舰艇上的军官并不是坏人，他们只是从来都觉得就应该如此，因为这是舰上的老规矩。"做了此番观察之后，阿伯拉肖夫没有去找舰艇上的军官谈话，要求他们如何去做（采取典型的命令加控制的做法，很少能长期奏效），而是直接走到队伍的最后开始排队。

一名军官赶紧走过来对他说："舰长，您不用排队，直接到最前面就行。"阿伯拉肖夫摇了摇头，告诉对方说，他觉得插队不好。他排了队，领取了自己的食物，然后和船员们坐到了一起。等到下一个周日，每个人都按顺序排了队，而且军官们也都和船员们一起享用了美食。从头至尾，舰长没有发布任何命令。

从一开始，阿伯拉肖夫就知道，不能简单地通过下命令的方式让人们改善其行为。下命令的方式即使乍看起来有效，其效果也只是短期的，长期效果不佳。不论你是管理一艘军舰，还是经营一家制造业公司，都存在这样的规律。我们无法通过命令的方式，操控他人调动自己的资源、智慧和技能。

阿伯拉肖夫说："一个组织，只要能让每一个成员都成为主人翁，就能打败竞争对手。舰长和其他军官需要从船员的角度来看待整艘舰艇，他们要让船员都能轻松地、毫无顾忌地表达自己的观点和想法，这样一来，军官也能从中获得回报。"

　　我们的思维中往往存在一个缺口：我们认为自己眼中的世界，就是世界的真实运行方式。只有当我们改变自己的视角——当我们用他人的眼光看待问题时，我们才会意识到有哪些东西是自己未曾看到的。此时，我们就能认识到自己存在哪些盲点，并看到自己一直以来所忽视的东西。

用保障措施保护自己

有许多先天的生物弱点会妨碍我们做出正确的判断，如睡眠不足、饥饿、疲劳、情绪激动、注意力分散、因感到匆忙或身处陌生的环境而产生的压力等。我们不时会遇到这些情况，却又难以避免。不过，我们可以采取一些保障措施，让自己不受默认值的影响。

这些保障措施，可以保护我们免受自己弱点的伤害，尤其是那些我们自己无力克服的弱点。

我来举个简单的例子。假设你想从现在开始吃得更健康。可是，如果居住的环境"不健康"，比如，你家的储藏室和冰箱里堆满了垃圾食品，那么，想要实现饮食健康的任务，就会变得难上加难。此时，一种保障措施就是清除家中的垃圾食品。这么做，可以防止你在感到饥饿或无聊时冲动地撕开一袋薯片。当然，你仍然可以去商店买薯片，但这比随手拿起来一包就吃麻烦多了。要去购物，你就必须思考、计划并行动。在做这一系列工作的时间里，你可能会对自己的选择产生更全面、更慎重的想法，从而选择吃一些更符合你的健康目标的食物。

如此一来，清除家中所有的垃圾食品就是一种切实的保障策略。它可以增加"摩擦力"，让你不容易做到那些违背你的长期目标的事情。保障策略还有很多种选择。我最喜欢的策略包括：预防、为自己制定规则、列出检查清单、转换参照系，以及让看不见的东西显现出来等。接下来我会介绍每一种策略。

保障策略 1：预防

"预防"这种保障措施旨在防患于未然。具体的方法之一，是避免在不利条件下做出决策。例如，压力是导致决策错误的一个重要因素。一些研究表明，压力会缩短深思熟虑的过程。有效决策需要对备选方案进行系统性的评估，但是压力会破坏这一点。

美国的嗜酒者互诚协会（Alcoholics Anonymous）就为其成员提供了一种有用的保障措施。他们将这种策略称作"HALT"——这四个字母分别来自饥饿（hunger）、愤怒（anger）、孤独（lonliness）和疲倦（fatigue）这几个英文单词。协会对成员说："当你想喝酒时，先问问自己，是否符合这些条件中的哪一个。如果答案是肯定的，就去解决真正的问题——无论是饥饿、愤怒、孤独还是疲倦，都要直接去解决这些问题，而不是靠喝酒来逃避。"

你可以借用"HALT"背后的原则作为一般决策的保障措施。如果你有一个重要的决策要做，就先问问自己："我饿不饿？我是否生气或情绪激动？我是否感到孤独，或因身处陌生环境或时间紧迫等情况而倍感压力？我是否疲倦、睡眠不足或身体疲劳？"如果对任一问题的答案是肯定的，那么就尽量避免马上做出决策，而是等待更合适的时机。否则，你的默认值就会占据上风。

保障策略 2：成功的自动规则

反应式选择是对刺激的自动反应，这些反应大多是在低意识水平下做出的，这种情况下我们甚至意识不到自己在做出反应。有时，我们能够放缓步子，通过深思熟虑推翻自己根深蒂固的反应，但这需要我们有意识地付出大量努力。好在我们还有一种更简单的方法：创造新的、能够帮助我们获得想要的东西的行为，把这些行为当成能够促使自己成功的自动规则。

要知道，没有任何东西能强迫你接受来自你的成长和生活环境的根深蒂固的行为和规则。你可以随时下定决心消除这些行为和规则，用更好的取而代之。

我曾与诺贝尔奖获得者丹尼尔·卡尼曼进行过对谈。他是认知偏差和思维错误方面的"教父"。在谈话中，他揭示了一种我们意想不到的提高判断力的方法：用规则代替决策。事实证明，规则可以帮助我们使自己的行为自动化，使我们达成目标，获得成功。

在做决策时，我们往往会先想到自己想要实现的目标，然后再逆向找出实现目标的方法。如果你想拥有好身材，就会开始去健身房锻炼并使饮食更健康；如果你想省钱，就可能会每月把自己的部分工资存起来。我们需要动用意志力才能实现这些目标。可是，一旦实现了这些目标，我们往往又会恢复之前的默认行为模式。最终，我们会发现自己又回到了那些自己不想去的地方，然后又需要从头再来，重复整个过程。

这种方法存在缺陷。要这么做，就要不断地做出决策并付出努力。选择目标是必要的，但是仅仅选择了目标，并不足以保证你实现目标。你还需要坚持不懈地追求这些目标，而这意味着你每天都要继续为实现目标做出选择。每天，你都必须选择健身并拒绝甜点。随着要做的选择不断增加，要想持续地做出让自己朝着目标前进而不是偏离目标的选择，就会变得越来越难，而不是越来越容易。

做出任何此类选择都需要持续不断地付出努力。而一旦我们意志力薄弱，做了自己本不想做的事情时，就会为自己找个现成的借口："我今天很累"，或者"我忘带运动服了"，或者"我得为明天的会议做很多准备"。最终，找此类借口就变得比做出实现目标的选择更容易。

说到健康，就像生活中的许多其他因素一样，环境决定行为。你所处的环境会让某一条路比另一条路更容易走。[①] 如果你能获取的食物都是对健康有益的，你就更容易选择健康的食物。此外，如果你总是处于熟悉的环境中，你也更容易坚持一贯的选择。而当一个人身处陌生的环境时，就很难保持自己熟悉的行为模式。正因如此，很多人在旅行或出差时会停止锻炼，或停止健康饮食。

你所处的环境，不仅仅包括你周围的物质环境，还包括你周围的人。我们有时很难拒绝别人。我们的思维模式会让自己想要得到别人的喜欢。我们害怕对别人说"不"，担心这样会让别人不喜欢我们，而反复对别人说"不"更是难上加难。比如，某天锻炼后，有个朋友拿给我们一瓶含糖饮料，我们可能会保持意志坚定并拒绝它；但是，如果他连续三天都这么

---

① 这是罗伯特·弗里茨（Robert Fritz）的《最小阻力之路》（*The Path of Least Resistance*）中的一个观点。弗里茨谈到了结构如何决定行为。

做，我们可能就会屈服。这也是人之常情。

此外，我们的思维习惯也让我们想要与他人的想法保持一致。想想看，有多少次，你只是想喝口水解渴，最终却和朋友开怀畅饮了一场。起初，可能是你的朋友或同事先点了一杯酒，你坚持喝水，但是，后来你却因为自己没有点酒而感到内疚。于是，你也点了酒——也就是说，你妥协了，虽然你真正想喝的只是水。

如果你因此感到困扰，不如彻底绕过个人选择的过程，直接去创造某种自动的行为，即某种规则。基于这种规则，你不需要在当下做出决策，也不会受到来自他人的阻力。为什么不给自己制定一个规则，只有当你真正想喝酒的时候才喝点儿，而绝不只是为了迎合别人，在大家都喝时你就要喝呢？

同样地，假设你的目标是少喝汽水。[1] 与其根据具体情况决定是否喝汽水——这需要付出很多努力，而且容易出错——不如制定一个规则。例如，"我只在周五晚餐时喝汽水"，或者"我根本不喝汽水"。有了规则，就不必在每一次用餐时都做出一个决策。在有规则的情况下，执行路径会变短，不容易出错。

从心理学的角度看，在知道你给自己制定了某个规则后，

---

[1]　我的朋友安妮·杜克曾给我举过一个相关的例子。

人们通常不会反驳。他们会接受这些规则，将其视为你的特质。人们会对决策有所质疑，却会尊重规则。

卡尼曼告诉我，他个人最喜欢的规则是绝不在电话中答应别人的请求。他知道自己有着讨好他人的倾向，所以在当时当地，他往往会答应别人。但是，在他的日程表被那些并不让他开心的事情填满之后，他决定提高警惕，不再轻易答应做什么，并且想清楚自己为什么答应别人。现在，当有人在电话里向他提出请求时，他会说："我得考虑一下再给你答复。"这不仅给了他思考的时间，让他摆脱了即时的社会压力，而且让很多请求因为打电话的人后来没再跟进而不了了之。遇到这种情况，他极少主动回电话给这些人并答应他们的请求。[1]

与卡尼曼交谈之后，我也花了一些时间思考我能给自己创建哪些自动规则，从而不让我当下的愿望压倒我最终的愿望。

我的方法是，想象有一个摄制组跟着我，记录我有多成功。[2] 不论成功与否，我该如何行动，从而向别人展示我的成

---

[1] 我见过的另一个有效规则是，如果你在未来两天内不准备从你的日程表中挪出某件事情，那就直接对新的任务说"不"。

[2] 我知道，这个思想实验不是我想出来的，但我也不确定到底谁是首创者。

功是实至名归的？ 我希望他们看到什么？ 我在做的哪些事情
会因为自己感到尴尬或羞愧而不想让别人看到？

　　当我把这个实验推荐给别人时，效果让我感到很惊讶。
这说明，对于可以做些什么来提高成功的概率，我们都心知
肚明。我们也都知道，有哪些事情应该停下来不再去做，以
提高成功的概率。

　　我无法控制自己需要做的每一件事，但这并不意味着我
无法控制自己何时去做。我希望跟拍我的摄制组看到的是专
注于最重要的事的我。

　　受到这一点的启发，我决定每天都要创造空间去做那些
能赢得最大的机遇的事。我想象着摄制组拍摄我给孩子们做
好早餐，然后再去上班的场景。虽然摄制组期待的可能是我
到公司会参加许多场会议，而且不断有人找我要东西，但他
们实际会拍摄到的，是在午餐前我没有电话要接，也没有会
议要开，这样我就可以把时间花在最重要的事上。于是，我
给自己制定了午餐前不开会的规则。①

　　从小到大，我们受到的教育是要遵守规则，但从来没有
人教过我们该如何创造强有力的规则，让这种规则帮助我们
获得自己想要的东西。我发现一周抽出三天去健身房很难，

――――――――――

①　我也想听听你给自己创建的自动规则。可以发送电子邮件至 shane@
fs.blog，主题为“自动规则”。

于是我给自己制定了每天都去的规则。我并不是每天都想去健身房，说实话，有些时候我讨厌去健身房。但我也知道，遵守规则比破坏规则更容易。而说到健身房，每天都去比几天去一次更容易。

制定自动规则，可以保护你不受自身弱点和局限的影响，它是一种非常有力的技巧。有时，这些规则会带来意想不到的好处。

保障策略 3：制造摩擦

还有一种保障策略，是针对与目标相悖的事情，加大其难度。有段时间，我发现自己一有时间就忍不住去查看电子邮件。不管是在起床前、下班回家的路上，还是在杂货店排队时，我都会查看邮件。

我告诉自己，这样做的人其实不止我一个，大家都这么做。任何新消息都能带来多巴胺，这种刺激让许多人无法专注于自己手头的要务。而且，问题在于，我不仅仅在电子邮件上花费了太多时间，它还意味着，电子邮件让我没有足够的时间去关注那些重要的事情。可怕的是，我经常希望电子邮件能让我分心，把我从本该做的事情上带走。

在我的职业生涯早期，我曾有一份重要的报告要完成。

但那时我一上班就会先去查看电子邮件，而不是写报告，而后者才是我需要做的最重要的事情。如果收件箱里有任何消息需要我稍加留意，我就会告诉自己，我必须先做这件事，等处理完了才能开始写报告。当然，往往在我刚处理完第一封邮件之后，又会有更多的邮件需要处理。奇怪的是，那时的我似乎认为正确的顺序是先处理完这些邮件，再开始正式的工作，结果我每天都在处理邮件上花费了大量时间，等这一天快结束时，我才会开始写报告，而那时我往往已经精疲力竭了。

　　事后从全局的角度回想，我当时是把自己状态最差的时间拿来做最重要的事情了。而现在，在我的最佳状态来临之时，我最害怕的就是收发电子邮件，因为做这件事会消耗我的精力，让我失去创造力。其实，许多人在与伴侣相处时，何尝不是如此。当我们度过漫长的一天，把需要做的所有事情都做完时，已经疲惫不堪了。而接下来正是我们留给配偶的时间，可他们才是我们生命中最重要的人啊！

　　这简直是把事情搞糟的最佳配方：把自己最好的状态拿出来做最不重要的事情，却把自己最糟糕的状态留给最重要的事情，长此以往，积少成多，最终会带来灾难性的后果。

　　而改掉这一坏习惯的方法，就是把你想要的行为变成默认行为。在认识到上述做法的问题所在之后，为了让报告撰写工作步入正轨，我对同事说，在报告完成并提交之前，如果他们发现我在上午 11 点前还在看电子邮箱，我就要请所有人吃午饭。这件事产生了足够大的摩擦力，让我戒掉了一大早就开始查看电子邮件的习惯。

从那以后，整个上午我都能心无旁骛地工作。到了下午，我才会去收发电子邮件、接听电话、参加或主持会议。如此一来，我的工作效率高得令人难以置信。

我们很容易低估放松心态在决策中的作用。行为是沿着阻力最小的路径前进的，因此，如果你发现自己在做不想做的事情，增大做此类事情的摩擦力，效果会出奇地好。

保障策略 4：设置防护栏

还有一个保障策略是为自己制定操作程序，因为你会从惨痛的经验中认识到，默认行为往往会凌驾于决策之上。默认行为使我们无法看到实际发生的情况，也无法以最符合自我形象的方式做出反应。

我们已经讨论过设定自动规则的问题，比如卡尼曼不在电话里立即答应别人，以及避免在不利条件下做出重要决策的规则。不过，还有另外一些有效的保护程序，它们也能让你在当下放慢脚步，创造出一小段时间，以便把情况思考得更清楚。这些程序让我们能够暂时退后一步，问自己："我想达到什么目的？""这样做会让我离目标更近还是更远？"这些问题看似都是非常基本的问题，但是在紧急关头，却常常被忘在脑后。

例如，检查清单就提供了一种简单的方法，让我们不只是依据习惯来做事。飞行员在每次起飞前都要进行飞行前的检查，而外科医生每次做手术前都要检查术前清单。对普通人来说，每次旅行，我们可能都会有一份打包清单。在上述每一种情况下，检查清单都是一种保障措施，让我们放慢脚步，回归最基本的问题：我想要完成什么任务？我需要做好哪些事情？诸如此类的问题是确保你一直在通往成功的道路上而没有偏离的防护栏。[1]

保障策略 5：转换视角

我们每个人都只能从特定的角度看问题，没有人能一览无余，统摄一切。但这并不意味着，我们无法在特定情况下改变看待事物的方式。

在物理学中，参照系指的是观察事件的一组坐标。不同

---

[1] 通常我会问自己的孩子两个有效的问题，让他们慢下来思考：（1）你想给这种情况浇水还是浇油？（2）这种行为会让你如愿以偿吗？

的观察者会有不同的参照系，用一个参照系看到的东西不一定能用另一个参照系看到。例如，如果你坐在行驶的火车车厢里，你就拥有了一个特定参照系，而如果我站在站台上看着你乘坐的火车驶过，我就是在另一个参照系中。在你的参照系中，你和你所坐的座椅都是静止的；但在我的参照系中，你和车厢内的座椅都在快速移动。

想象一下，你现在有可能转换你的参照系。比如说，我在向你直播火车进站的情况，这样，你就能从我的视角看到你自己和你的位置，从而获得更多在你的参照系中看不到的关于你自身情况的信息。假设你的火车即将与前方铁轨上的一个障碍物相撞，而这个障碍物只有在我的参照系中才能看到。在你的视野中，似乎一切都很正常，你不会知道自己乘坐的火车正驶向灾难。而转换参照系，从我的视角看问题，会给你提供重要的信息，使你能够采取措施避免灾难。

这个火车上的例子也适用于许多其他情况。虽然你此时可能正坐在沙发上读这本书，一动不动，但从太阳的角度来看，你正以每小时 67 000 英里的速度围绕着它移动。用外部视角来观察自己的处境，可以让你看到更多实际正在发生的事情。改变视角，就会改变我们所看到的现实。

转换参照系是防止受到盲点影响的有力保障。在前文中，我们了解了迈克尔·阿伯拉肖夫如何通过转换参照系，扭转了本福德号导弹驱逐舰在美国海军舰艇中的表现。在本福德号既定的参照系中，军官将船员视为二等公民是一种正常现象。阿伯拉肖夫没有继续用这个参照系看问题，而是转换了参照系，从普通水兵和一般性公平的角度看问题。

我曾经有一位同事兼朋友。一天，他走进我的办公室，带来了一些消息。他说："我知道我到底哪里做错了——我一直忙着向大家证明我是对的，这使得我无法从他们的角度看周围的世界。"

他的问题不是由于他不聪明造成的——他其实很聪明；也不是因为他不努力——他其实很努力。他的问题在于无法与他人沟通，因为他从未尝试从他人的角度看问题。这一次，他自己意识到了这一点，并开始改变自己的行为。

从那时起，每当在工作中与其他人讨论事情时，他都会先提及自己对对方想法的印象。然后他会问："我有没有遗漏什么？"

他这么问很聪明。这意味着他愿意接受别人的纠正，也给了对方一个纠正他的机会。纠正他人是人类最根深蒂固的本能之一，因此，通过提出这个问题，他可以让对方轻松地与他交流。然后，如果对方真的纠正了他，他就会发现哪些因素对对方来说是最重要的。

当对方回答完第一个问题后，我的朋友仍然不会马上说出自己的想法。他会提出一个后续问题："还有什么我没注意到的？"

这样的人际沟通方式就是一种转换参照系的保障措施。提出这两个问题，并倾听别人的回答，让他不得不从别人的角度看问题。花时间这样做，可以保护他避免受到自己弱点的影响。

在做出上述改变几个月后，他就成了自己的团队和公司其他成员之间沟通的中间人。又过了一段时间，人们开始要求他陪同老板参加会议。而最终，当他的老板升职，调任新职位后，大家都希望他能填补空缺。他本人甚至都不用开口提这件事。

如何处理错误

　　错误是生活中不可避免的一部分。即使是最有经验的人也会犯错，因为在通往成功的道路上，有太多我们无法了解和控制的因素会影响我们。当我们挑战知识或潜能的极限时，更是如此。在一些前沿领域，没有既有的车辙可循，没有熟悉的地标，没有里程碑，也没有路线图来指引我们。在前进的过程中，没有任何人能有先见之明，给我们指导。失误总会发生。所谓掌控我们自己的生活，其中的一部分就是在失误发生时能够控制糟糕后果的规模和程度。

　　当事情的发展不尽如人意时，大多数人往往会归咎于外部世界，而不是审视自己。这就是心理学家所说的自利性偏差的一种表现形式：一种通过保护或提升自我形象的方式来评价事物的倾向。在前面讨论自我问责时，我曾提到过这一点。当某个人在某件事情上取得成功时，他们往往会把成功归功于自己能力突出，或是特别努力："我真的很聪明""我真的很努力""我知道所有的角度"。相比之下，当人们在某件事情上失败时，他们往往会把失败归咎于外部因素："我的老板不喜欢我""这场考试不公平"，等等。

换言之，这就好像在抛硬币的时候说："正面——我说对了。反面——我没说错。"

如果你得到了一些自己不想要的结果，那么这个世界至少是在告诉你以下两件事之一。

- 你运气不好；
- 你对事物运作方式的想法是错误的。

如果是你运气不够好，那么用同样的方法再试一次应该会得到不同的结果。然而，当你一再尝试却总是得不到想要的结果时，就意味着这个世界是在告诉你：是时候更新自己的认识了。

很多人不愿意听到别人指出自己的想法是错误的。他们不想意识到自己的思维存在缺陷，而宁愿继续做梦。他们之所以这样做，部分原因在于，意识到自己的想法是错误的，这对他们的自我形象是一个打击，因为这说明他们并不像自己认为的那样聪明或博学。这是自我默认值在起作用。

如果你想知道自己的想法是否有错，你就需要让错误显现出来。让以前看不见的东西显现出来，是在做决策时让我们看清楚自己所知道的和所想的东西的最佳机会。此时记忆是不可靠的，因为我们的自我会扭曲信息，让我们看起来比实际情况更好。

不过，你在意识到该更新自己的想法之后，还要做好心理准备，因为改变你对世界的看法需要付出很多努力。因此，人们往往会愿意忽视这个世界试图告诉他们的东西。他们会选择继续自己一直在做的事情，并期望得到同样的结果。这是惯性默认值在起作用。

错误带来选择的机会

与对待其他任何事情一样，处理错误的方式有好有坏。地球不会因为你犯了错而停止转动。生活在继续，你也需要继续往前走，你不能简单地举手投降，或是甩手不管，一走了之。你还有其他的决策要做，还有其他的事情要完成，所以，希望你以后不会再犯同样的错误。

每个人都会犯错，因为每个人都有局限性，当然也包括你。不过，试图逃避对自己的决策、行为或结果应负的责任，无异于假装自己没有局限性。杰出人士之所以与众不同，原因之一就是他们处理错误的方式与常人不同，此外，他们善于从错误中吸取教训，并因此做得更好。

错误给了我们一个选择：是更新你的想法，还是无视错误带来的失败，继续盲目地相信自己一直相信的东西。在实际生活中，选择后者的人不在少数。

人们所犯的最大错误通常不是最初的错误，而是试图掩盖和逃避责任的错误。如果第一个错误代价高昂，那么第二个错误的代价很可能极其惨重。

我的几个孩子在这方面就是吃了很多苦头才得到教训的。有一天，我回到家，发现地板上有一块奇怪的碎玻璃。我捡起来，问孩子们发生了什么，他们辩解说不知道。不过，当我打开垃圾桶，移开一张似乎被小心翼翼遮在上面的纸之后，发现里面有一个碎花瓶的残骸。这时，我给了孩子们最后一次改口的机会。而他们则继续自以为是，拿出十几岁的孩子所特有的自信，坚持不认错。他们自然要面对应该承担的后果——不是因为他们打碎了花瓶，而是因为撒谎。

掩盖错误有三个问题。第一，如果无视自己的错误，就无法从中吸取教训。第二，掩盖错误会成为一种恶习。第三，掩盖错误会使情况变得更糟。

承认错误并改正错误，可以节省时间，并让你避免今后犯更多的错误。同时，错误也提供了难得的机会，如果你选择吸取教训，就能更接近你想成为的那种人。明智地利用这些机会吧！不要浪费它们。

以下四个步骤可以帮助你更有效地处理错误：（1）承担责任；（2）吸取教训；（3）承诺做得更好；（4）尽力弥补损失。

步骤1：承担责任

如果你想完全掌控自己的人生，对于某个错误，你就需要承认自己所应承担的责任，并对之后发生的事情负责。即使这个错误不完全是你的原因造成的，它也仍然是你的问题，你仍然有责任处理它。

当错误发生时，情绪默认值会努力夺取对局面的控制权。如果你任其夺权，它就会接管局面。这恰恰是自我控制的反面，它会让你的人生方向取决于情绪的一时兴起。因此，控制情绪至关重要。如果你从未付出努力来培养这种能力，在遇到上述情形时，你很可能难以控制自己。这就解释了为什么不断地练习非常重要。

步骤2：吸取教训

我们需要花时间反思自己犯错的原因，探索导致自己犯错的各种想法、感受和行为。如果情况紧急，暂时没有时间反思，事后也一定要进行复盘。毕竟，如果不找出问题产生的原因，就无法解决问题。而如果不能解决这些问题，你就不可能在未来做得更好。相反，你将注定一次又一次地重复同样的错误。

如果到了这个阶段，你发现自己总是在责怪别人，或总会说"这不公平！""这种事为什么会发生在我身上？"这样的话，这就表明，你还没有为错误承担起责任。此时你需要回到步骤 1。

步骤 3：承诺做得更好

要制订一个未来能做得更好的计划。这可能涉及增强某种个人势能，比如更强的自我责任感或更强的自信心。或者，像我前面提到的那位朋友兼同事那样，在意识到自己没能从他人的角度看问题时，给自己建立一种保障措施。无论如何，你都需要制订一个计划，让自己在未来做得更好，并贯彻执行这个计划。只有这样，你才能改变自己的做事方式，避免重蹈覆辙。

步骤 4：尽力弥补损失

在大多数情况下，错误造成的伤害是可以修复的。你与一个人的关系越长久，你的行为越具有一致性，修复就越容易。但这并不意味着修复马上就能实现。就像伤口需要一段时间才能愈合一样，一段关系在受到损害之后也需要一段时间才能修复。仅仅接受自己行为的影响并真诚道歉是不够的，你需要坚持不懈地做得更好。另外要注意，任何即时的偏差，都会迅速逆转任何修复的效果。

当然，并不是所有错误都能事后弥补，有些错误会造成无法挽回的后果。此时的关键是，不要让糟糕的情况继续恶化。

我有个朋友，他是一支重要的运动队的总经理。在谈到错误时，他告诉我，他的一位导师因为一时冲动，在没有进行理性思考的前提下做了一笔"糟糕的交易"。合同签好后，交易就无法撤回了。在球员上场打第一场比赛之前，他的导师就知道自己的决策是一个错误。他内心有个声音（我们每个人的内心都有这样的一个破坏者）告诉他，他很蠢，而现在全世界都知道了这一点。这个小小的声音，把他多年来出色的球员管理工作一笔勾销，削弱了他的信心，使他无力行动，无法在不确定的情况下做出有效的决策。但是，他一直以为收集更多的数据就可以帮助他消除不确定性。没过多久，他就丢掉了工作。

如果你不接受错误，错误就会变成拖住船只使其无法前进的铁锚。而接受错误已然铸成的现实，其中的一部分做法就是从中吸取教训，然后让错误成为过去。过去已经发生的事我们无法改变，但我们可以努力消除过去的事情对未来的影响。

世界上最有力量的故事，就是你自己讲给自己听的故事。内心的这个声音，有足够的力量推动你前进，或是拖着你固守过去。你需要做的，是明智地做出选择。

第四部分
决策：在行动中清晰思考

如果你选择不做决策，那么你仍然做出了选择。

——尼尔·皮尔特（Neil Peart）

在你重新设定了自己的默认值，为清晰思考创造了空间之后，你就需要学习并掌握做决策的技巧了。

决策不同于选择。如果你从一系列备选方案中随意挑选了一个，你就做出了选择。如果你不假思索地做出反应，你就做出了无意识的选择。但这两者和决策都不是一回事。决策是一种经过有意识的思考而做出的选择。

决策 = 判断某个选项是最好的选择

很多时候，事后看来是错误的判断，在当时当地甚至都不会被认为是一个决策。如果默认值在暗中共同发挥作用，我们就会不假思索地做出反应。这种反应甚至不能算作一个决策。一旦我们有机会做出有意识的选择，问题就来了：我们怎样才能做出最好的决策？

决策本身应该代表决策过程的结果。这个过程就是权衡你的选择的过程，它的目的是选出最佳方案，由四个阶段组成（见图 4-1）：界定问题、探索可能的解决方案、评估各个

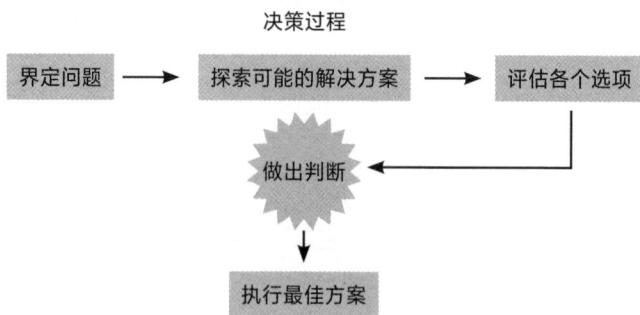

图 4-1　决策过程的四个阶段

选项，以及最后做出判断并执行最佳方案。我将在本部分中详细讨论这四个阶段。

如果你不采纳这个流程，你的选择甚至不一定算得上是一个决策。

小孩子往往会在没有任何评估的情况下做出选择。有时，成年人也会这样做。也许这是因为我们必须迅速做出选择，以至于没有时间评估各个选项。也许是因为我们让习惯替我们做出选择，过去选择的惯性让我们在当下没有尝试去探索我们的选项。也许只是我们在无意中让情绪做出了选择——一时的愤怒、恐惧或欲望抢先进行了评估，推动我们不假思索、不讲道理地采取行动。

上述这些例子都不算是决策。但这并不意味着我们无须对这些选择负责。我们是需要负责的！它们仅仅意味着我们没有进行理性的思考。在上述例子中，我们都没有有意识地去思考，相反，我们只是在做出反应，把做决策的机会拱手相让，让给了默认值。在这种情况下，我们做出的选择，往往会与经过理性思考之后所做的最佳决策背道而驰。而当我们毫无理性地做出反应时，我们会造成大量的新问题，它们比原本要解决的问题还要多。如果我们对自己的未来先知先觉就好了！

并不是每一个糟糕的决策都是仓促做出的，也不是每一个好的决策都是慢慢做出的。涉及决策，事情没有那么简单。

人们往往把贸然选择误认为行事果断，而把严谨执行决策过程误认为优柔寡断、犹豫不决。放慢脚步、理性地思考问题之所以难以做到，部分原因在于，在旁人看来，这样做似乎是不作为。但不作为也是一种选择。

当风险较低时，不作为比迅速行动更让人受伤。有时候，迅速做出选择比花时间去深思熟虑更好。如果一个行动无关紧要，其影响也很容易逆转，为什么还要浪费时间去进行评估呢？举个例子，如果健身房里有两个一模一样的深蹲架，而这两个架子暂时都没有别人在用，你选择哪一个都不会有什么区别。如果你慢吞吞地等着做决策，这两个架子可能都会被别人抢走。此时，只要任选其一即可。

不过，当风险较高时，过快地做决策可能会对你造成伤害。如果一项行动会对你的生活或事业产生重大影响，而且其影响无法逆转，你就必须好好做决策，而不能随便选择。在这种情况下，由于潜在损失会很严重，花时间谨慎决策就是值得的。此时你需要理性评估各个选项，然后再做出决策。不要随便选择。

在接下来的几节中，我会介绍一些在决策时能帮助你更好地进行理性思考的工具。它们肯定无法解决所有的决策问题，因为没有哪一种工具无所不能，适用于所有的情况。其实，每种工具都有其局限性。你的工具箱里需要准备很多种工具，否则，到头来你可能是在拿着错误的工具解决手头的问题。正如一句古老的格言所说的："如果你手头只有一把锤子，你往往会看什么都是钉子。"

想要知道如何使用这些工具，就必须控制好自己的默认值，这样才能更好地进行理性思考。如果做不到这一点，你就有可能会让自己的某个默认值做出反应。虽然你可能会暂时得到自己想要的结果，但缺乏深思熟虑就采取行动的恶果迟早会被你尝到。只有在你能够管控自己的默认值之后，我所描述的工具才会真正变得有用。

如果你无法管控自己的默认值——如果你很容易被情绪左右，不能适应变化，或是更看重让自己保持正确而不是做正确的事——世界上所有的工具就都帮不了你。你的默认值会压垮你，击溃你的决策过程，并控制你的生活。

界定问题

做决策的第一项原则是决策者需要界定问题。[①] 如果你不是做决策的那个人，你可以提出需要解决的问题，但你无法界定它。只有要对结果负责的人才能去界定它。决策者可以从上司、下属、同事、专家等处多方听取意见。但是，他们才是有责任弄清问题真相的人——分清事实与观点，确定到底发生了什么。

界定问题首先要确定两点：（1）你想要实现什么目标；（2）实现目标的道路上有哪些障碍。

遗憾的是，人们最终解决的，往往是错误的问题。

也许你也能想象出这样的情景，而多年来，此类情景我已经见过成千上万次了。比如，决策者组建了一个多元化的团队来解决一个关键而且对时效性要求很高的问题。房间里

---

① 我是在业务会议上亲身体会到这一点的。只有业务负责人才能明确描述并界定目的、目标和问题。其他人都可以提出建议，但必须有一个人做决策，而这个人就是业务负责人。亚当·罗宾逊、彼得·考夫曼和兰德尔·斯图特曼也多次强调了这一点。

有十个人，每个人都在从不同的角度对正在发生的事情发表意见。刚过了几分钟，有人就宣称他们找到了问题所在，全场安静了一秒……然后大家纷纷开始讨论能有什么解决方案。

这就是通常会发生的情况：刚刚有人对情况提出一种似是而非的描述，它就界定了团队要解决的问题。[①]一旦团队提出了某个解决方案，决策者就会感觉良好，以为事情有了眉目。于是，决策者就开始根据这个想法分配资源，并期待问题得到解决。但情况的发展并不会如他们所愿，因为，针对一个问题提出的初步看法，很少能揭示出真正的问题所在，所以真正的问题也不会得到解决。

类似情况的实质到底是什么？

社会默认值会促使人们接受大家一致同意的对问题的第一种描述或界定，然后大家就会从这一点出发，继续前进。一旦有人界定了问题，团队就会转入"解决方案"模式，而不会考虑这样的界定是否正确。如果把一群聪明的 A 型人聚在一起，告诉他们要解决一个问题，就会出现这种情况。大多数时候，他们最后会忽略真正的问题，而只解决了问题表现出来的一个症状。他们在做出反应时缺乏理性思考。

在生活中，许多人受到的教导都是，解决问题就是我们

---

① 我本人多年来经常看到这种情况的发生。后来，兰德尔·斯图特曼也向我指出过这种现象及其本质是什么。

为社会创造价值的方式。上学的时候，老师会给我们出题，让我们去解决。而到了职场，老板也会这样做。兜兜转转，我们这一辈子都在被教育着去解决问题。

但论及如何界定问题，我们就不像解决问题那么有经验了。客观发生的事情往往具有不确定性，而我们很少能掌握所有的信息。有时，针对问题的症结所在，我们会产生不同的看法，并据此提出不同的解决建议，如此一来，还很容易出现人际摩擦。因此，相比于解决问题，我们不怎么喜欢界定问题，而社会默认值就利用了这种不适感。它鼓励我们去直接做出反应，而不是去理性思考，以证明我们在为社会创造价值。只需要解决问题——任何问题都可以！

这样做的结果是：组织和个人都会浪费大量的时间去解决错误的问题。正所谓，治标容易治本难，灭火容易防火难。同样地，把问题拖到未来再解决，要比现在解决容易得多。然而，这种做法的问题在于，燃起的火不会熄灭，而会反复地突然烧得更旺。我们固然可以把事情推给未来，但未来终究会到来。

在现代社会，人们的工作比以往任何时候都要繁忙，但大多数时候我们都是在忙于救火——这些火的起因往往是多年前一个错误的初始决策埋下的祸根，而人们本应在一开始就不做出这样的决策。

着火点太多，占据了我们大量的时间，结果就是，我们往往也就只能顾着扑灭火焰。然而，有经验的露营者都知道，要想彻底扑灭篝火，并不只是扑灭眼前的火焰这么简单。我们把所有的时间都花在了四处奔波和扑灭火焰上，这让我们没有时间去思考当前的问题，而这些问题可能会为未来的火灾留下火种。

优秀的决策者都知道，界定问题的方式会影响每个人对问题的看法，也会决定最终采用何种解决方案。在任何决策过程中，最关键的一步都是正确认识问题。这个过程会为人们提供极为宝贵的洞察力。因为一个人无法解决自己不理解的问题，所以，界定问题的过程就是一个吸收大量相关信息的机会。而决策者要想理解真正的问题，就必须多与专家交谈，寻求他人的意见，听取他们的不同观点，明辨真伪、去伪存真。

在真正理解了问题之后，解决方案往往就自然而然地出现了。稍后，我会讨论一下，当人们在解决一个自己并不完全理解的问题时，会暴露出哪些问题。

以下两条原则效仿了最佳决策者的做法。

（1）**界定问题原则**：承担界定问题的责任。不要让别人替你进行界定。努力理解问题。在进行描述或解释的时候不要用行话或专业术语。

（2）**追根溯源原则**：找出问题的根源。不要简单地满足于"治标不治本"的解决方案。

我曾经接手过一个部门，这个部门运行的软件经常锁死，此前的解决方案，是对服务器进行物理重启。（这是一个绝密的工作场合，其缺点是人们不能与外界联系。）

几乎每个周末，我的团队中都会有一个人被叫去解决问题，而无论被叫去的人是谁，他都能很快地让系统恢复正常运行。总的来说，系统宕机的次数不多，影响也很小。看起来这个问题这样就算是解决了。可真的解决了吗？

第一个月结束时，我收到了加班费账单，作为主管，我要在上面签字。我发现，这些周末加班产生的加班费可真不少。我们第一个月的做法只是治标不治本。解决真正的问题，需要进行几周的工作，而不是周末加班的那几分钟。可是，没人想解决真正的问题，因为很难。于是，我们只是一味地去扑灭火焰，却留着余烬，最终火苗又死灰复燃。

要找出问题的根本原因，一个好的方法就是自问："应该怎么做，才能让这个问题一开始就不会出现呢？"下面是使用这一方法的另一个例子。

美国防止虐待动物协会（American Society for the Prevention of Cruelty to Animals，ASPCA）是美国最大的动物福利组织之一。据该协会估计，在美国，每年有超过 300 万只狗进入收容所，然后被送去领养。每年大约有 140 万只狗被人成功领养，但仍有 100 多万只狗无人领养。①

愿意领养宠物的人只有那么多，一个家庭能养的宠物也只有那么多，所以大多数收容所面临的问题是："我们怎样才能让更多的人来领养？"但回答这个问题并不能解决长远的问题。

有一个动物收容所采取了不同的方法。针对动物收养的问题，洛杉矶市区犬类救援中心的创始人洛丽·魏泽（Lori Weise）反问道："要想让被收养的狗数量减少，首先要做到什么？"通过深入研究数据，魏泽发现，进入收容所的狗中有30% 是主人自愿放弃的。她发现，很多时候，主人之所以把宠物送走，是因为他们无法继续负担养宠物的费用，并认为别人可以更好地照顾它们。有了这样的认识，一个更好、更持久的解决方案就显而易见了。

魏泽开展了一个新的项目：每当有人前来移交宠物时，工作人员都会询问他们，是否愿意留下宠物继续养。如果答案是肯定的，工作人员就会利用他们的关系网络帮助宠物主人解决问题——不管是只需 10 美元就能打一针狂犬病疫苗的问

---

① 在法纳姆街，我们在"设计决策"（Decision by Design，DBD）课程中使用了这个例子，我们通过该课程教世界一流的人才如何做出更好的决策。

题，还是保证宠物食品长期供应的问题。魏泽和她的团队发现，帮助一个家庭继续喂养宠物，实际上比把宠物安置在收容所要便宜得多。更重要的是，该项目让 75% 原本打算放弃宠物的家庭得以长期和宠物生活在一起。

找出问题根源的策略也适用于商业领域。例如，一家经营状况不佳的公司的负责人可能会认为公司的问题在于新增加的销售额太少，因此会调动资源来获取新的销售线索。但是，如果获得新的销售额并不是问题的根源所在呢？ 如果产品本身有问题怎么办？ 任何类似问题的根源都在于客户满意度，而这并不一定等同于要获得更多新客户。问题的根源可能是如何让现有客户满意。界定问题的方式会改变你的视野。

不过，仍需注意的是，我们的默认值始终都是存在的，不管我们多么努力地遵循界定问题原则和追根溯源原则，它们仍有可能让我们偏离轨道。

如何为界定问题阶段提供保障

有两种方法可以保护决策过程的这一阶段不受我们的默认值影响：建立防火墙，以及利用时间优势。

保障措施：建立问题解决方案防火墙。将决策过程中界定问题的阶段与解决问题的阶段分开。

　　一位导师曾教导我，在时间允许的情况下，避免在工作中为错误的问题寻找完美解决方案的最佳办法是分别召开两次会议：一次用来界定问题，另一次用来提出解决方案。

　　在任何组织中，最宝贵的资源都是时间和优秀员工的脑力。要求召开两次不同的会议，为一个在所有人看来都显而易见的问题提出解决方案，这好像不太容易做到。但这么做是值得的。多年来，我一直在使用这一保障措施，我也看到那些始终能做出正确决策的人在反复使用它。一旦开始践行这一措施，他们就会发现，用一次会议来完成界定问题和给问题提出解决方案这两项任务，只会让他们更容易受到社会默认值的影响——在以行动为导向的团队中，要么大家可能只会花一两分钟来界定问题，然后在接下来的时间里努力提出解决问题的方案，要么每个人都会开始为自己所界定的问题提出解决方案。无论是上述哪种情况，这场会议都没有发挥其应有的作用。

　　而一旦你愿意花时间去真正理解问题的实质，你就会意识到，你有一屋子的人，他们各有所长，拥有你自己所没有的洞察力。有个方法可以让这样的会议开得尽量简短，并避免重复大家都知道的信息。这个方法就是直截了当地问每个人："关于这个问题，哪些事情是你知道，而会议室里的其他人不知道的？"

这个问题会让人陷入思考。他们不会再啰啰嗦嗦地重复大家都已经知道的想法，而会开始阐述自己对这个问题有何看法。

这样一来，你的团队成员不仅可以开始相互学习，而且可以从更深的层次理解问题，因为大家开始看到（希望他们也会欣赏）不同的视角了。之后，当你们召开第二次会议时，解决方案往往会变得显而易见。因为此时每个人都理解了真正的问题所在，所以每个人都知道如何在组织中发挥自己的作用，为大家而不仅仅是为自己解决问题。哲学家路德维希·维特根斯坦（Ludwig Wittgenstein）常说的一句名言概括了这一观点："理解就是知道该做什么。"①

在一个运转起来的环境中，人们往往行动很快。如果在决策中加入太多程序，你就会错过稍纵即逝的机会之窗。但快节奏的环境往往是默认值的"盛宴"。你需要放慢脚步——但也不要放得太慢——综合运用判断力、原则和保障措施，确保你能清晰地思考，找到最佳答案。探究和提出更深层次的问题，恰好有助于放慢进程，从而大大增加抓住真正的问题

---

① 一些人以为这句话是维特根斯坦说的，但一项在 InteLex 数据库中对他已发表和未发表的著作进行的搜索却没有找到这句话。也许最接近的引文出自他的著作《哲学研究》（*Philosophical Investigations*）第 199 节："理解一个句子意味着理解一种语言。理解一种语言意味着掌握一种技巧。"

并加以解决的机会。

在界定问题和解决问题之间创造出足够的空间，这一策略放在个人层面也同样有效。在急于解决问题之前，先给自己留出一些时间，明确问题所在。很多时候，你会发现，自己一开始尝试界定的根本性问题往往是不准确的。

提示：请记住，把问题写出来是个不错的办法，这样就能让原本看不见的问题显现出来。写下你认为的问题所在，然后第二天再回头看。如果你发现自己在描述问题时使用了专业术语，就说明你还没有完全理解问题所在。而如果你不理解这个问题，就不应该做出关于这个问题的决策。

下面，我们来谈谈保障决策过程这一阶段的第二种方法。

保障措施：用时间来进行检验。你可以问问自己，你对问题所做的判断是否经得起时间的考验，以此来检验你是否找到了问题的根源，而不只是问题的表面。这个解决方案是否能永久解决问题？问题是否会在未来卷土重来？如果答案看起来是后者，那么你就是在治标不治本。

举例来说，假设洛杉矶市区的犬类救援中心想通过举办春季狗狗领养活动来解决"狗满为患"的问题，而不是解决问题的根源所在——宠物主人没有能力继续照顾他们的狗狗。

这场活动可能可以成功减少收容所当时收容的狗的数量，但却只是暂时的。几个月后，收容所会再次"狗满为患"。

短期解决方案在当下可能有一定的意义，但从长远来看，它从不会成功。这种方案让你以为自己在前进，但其实你只是在原地打转。可是，人们又特别喜欢采用短期解决方案，因为这样做是在向别人表明自己在做事。这就是社会默认值在发挥作用。它让人们误以为：行动就是前进，自信就是能力，谁的声音最大谁就有理。而时间最终会证明，短期解决方案只是掩盖深层问题的创可贴。不要再受骗了！

在短期解决方案和长期解决方案之间，一个人往往只能对其中之一投入精力，而无法两者兼顾。只要我们拿出精力采纳了短期解决方案，就等于消耗掉了本可以用于寻找长期解决方案的精力。当然，有时候，为了给长期解决方案创造空间，短期解决方案是必要的。此时，你要确保不只在当下熄灭了火焰，而大火会在未来重新燃烧。如果同样的问题反复出现，一个人会感觉特别沮丧、精疲力竭，因为这会让他认识到，自己似乎从未取得过真正的进展。今天把火彻底熄灭，这样明天它就不会烧到你了。

这些原则、保障措施和提示会让你不再因受到社会默认值的影响而动辄贸然行动。

探索可能的解决方案

一旦明确了问题所在，就该想想可能的解决方案，也就是克服障碍以达到目的的方法。我这里有一个方法，就是想象不同的未来——在采用了某个方案之后，世界可能变成哪种不同的样子。

在决策过程的这个阶段，最常见的错误之一就是回避残酷的现实。

在《从优秀到卓越》（*Good to Great*）一书中，作者吉姆·柯林斯（Jim Collins）讲述了他采访海军上将詹姆斯·斯托克代尔（James Stockdale）的故事。斯托克代尔是越战期间"河内希尔顿"战俘营中关押的级别最高的美国军官。在长达八年的监禁期间，他遭受了 20 多次酷刑，不知道自己的获释日期，没有囚犯权利，也无法确定自己是否还能活着见到家人。

柯林斯曾经采访斯托克代尔，问他有哪些人最后没能从战俘营中活着走出来，这位海军上将说，是那些乐观主义者。

"是那些说'圣诞节前咱们就能出去'的人。然后圣诞节到了，圣诞节又过去了。然后他们会说，'复活节前咱们就能出去'。然后复活节到了，复活节又过去了。然后是感恩节，然后又是圣诞节。最后，他们在心碎中死去。"

说完，他停顿良久，然后对柯林斯说："这是一个非常重要的教训。你既要坚信自己终将胜利——你永远输不起，又要勇于直面当前最残酷的现实——无论是什么样的现实，但是，绝不能把二者混为一谈。"

柯林斯将这种对胜利的信念与面对残酷事实的原则结合起米，称之为斯托兑代尔悖论。柯林斯事后说，斯托克代尔告诫乐观主义者的画面至今仍在他的脑海中挥之不去："圣诞节前我们是出不去了，面对现实吧！"

问题不会自行消失

我们都会遇到棘手的问题，而默认值会收窄我们的视野。它们也收窄了我们的世界观，诱使我们按照自己的意愿而非实际情况看待问题。只有面对现实——往往是很残酷的、关于这个世界如何运作的真相——我们才能确保得到自己想要的结果。

面对棘手的问题，最糟糕的做法就是相信会发生奇迹——

把头埋进沙子里，希望问题会自己消失，或者希望解决方案会自己冒出来，出现在我们面前。

未来可不像易变的天气，它不会自动变好，然后降临到我们头上。我们在当下做出的选择塑造了我们的未来，正如我们现在的处境是由我们过去的选择所塑造的一样。

我们现在所处的位置反映了我们过去的选择和行为。如果我们和配偶的关系幸福美满，回首往事，我们可以看到，是多年来的努力、沟通、协商、运气，以及（可能的）心理治疗让我们走到了今天。有时候，我们一觉醒来，感觉自己眼睛模糊，脑袋昏昏沉沉，就能明白是前一晚饮酒过度，影响了我们的睡眠。如果我们经营着一家企业，总体还比较成功，仔细梳理，我们就会发现，在适当的时候精打细算，或者在事情不那么确定的时候加倍努力，这些做法促成了我们现在的成功。

如果我们能未卜先知，或是能穿越到未来回顾今天所做的决策就好了，正如此刻我们能对过去的事情看得既深入又清晰。哲学家索伦·克尔凯郭尔（Søren Kierkegaard）曾经说过："人生只能通过回望去理解，但生活必须向前。"

幸运的是，有一种方法可以将明天的"后见之明"转化为今天的"先见之明"。这是一个思想实验，心理学家称之为"事前析误"。这个概念并不新鲜，它起源于斯多葛派哲学。

塞涅卡曾提出用"恶的预见"（premeditatio malorum）的方法来应对生活中不可避免的起起伏伏。这种方法的重点，不是为可能出现的问题担心，而是为问题做好准备。

最难应对的挫折是那些我们没有做好心理准备、没有预料到的挫折。正因如此，我们需要在挫折发生之前就预料到它，并立即采取行动来避免它发生。

很多人认为自己不善于解决问题，其实他们是不善于预见问题。大多数人都不想拿出时间来思考，是否存在更多潜在的问题，因为他们现有的问题已经足够多了。我们总是想当然地认为，在糟糕的事情发生之前，我们会得到警告，我们会有时间准备，我们会做好准备。但世界并不会如此运转。

在日常生活中，我们时常看到，好人不一定有好报。我们会在毫无征兆的情况下被解雇，或是遭遇车祸，或是在老板刚进办公室时就被横加指责，或是遭遇突然爆发的大流行病。这一切到来的时候都没有预警，我们也没有时间做准备。

当然，进行事前析误也不可能让你免受所有灾难的影响，但只要去尝试，你就惊讶地发现，它的确能让你免受大量灾难性事件的影响。接下来我们谈谈该怎么做。

哪些事情会出错

提前想象一下哪些地方可能会出错，并不会让你变得悲观，反而可以让你做到有备无患。如果你没有预先考虑到可能出错的地方，就很容易被环境左右。害怕、愤怒、恐慌——当情绪吞噬你的时候，理智就会离你而去。此时的你，只会下意识地做出反应。

对此，我给出的解药就是下面这个原则。

坏结果原则：不要只去想象未来会有理想的结果。想象一下，哪些事情可能出错，而如果出错，你将如何克服。

如果你下周要向董事会做一场汇报，想象一下所有可能出的错：如果技术设备突然出故障怎么办？ 如果找不到演示文稿怎么办？ 如果无法引起观众的兴趣怎么办？

要做到事无巨细，不要有任何遗漏。要避免突如其来的意外搞得你措手不及。正如塞涅卡所言："我们需要设想各种可能性，并……增强应对可能发生的事情的勇气。"

当糟糕的事情发生时，我们不会得到两分钟的预警时间，也无法利用广告时段做好准备。当问题发生时，我们必须立即采取行动，及时进行处理。最优秀的决策者都知道，糟糕的事情总会发生，就连他们也不能幸免。但是，他们的应对措施并不是随随便便做出的。他们会提前预测，并制订应急计划。

因为已经有所准备，所以他们不会出现信心崩溃的情况。风险投资家乔希·沃尔夫（Josh Wolfe）喜欢说："失败来源于未能想象到失败。"

一言以蔽之：当事情没有按预期计划发展时，那些能够预先思考可能会出现哪些问题，并想好到时候可以采取哪种行动的人更有可能取得成功。

评估各个选项的一个好办法是遵循以下原则。

二层思考原则：问问自己："然后该如何？"

每当你解决了一个问题，你就对世界做出了某种程度的改变。这种改变可能符合你的长期目标，也可能不符合。例如，你饿了，马上吃了一个巧克力棒，此时你就解决了眼前的饥饿问题，但这种解决方法会带来不好的后果：一两个小时后你的血糖会急剧升高。如果你的长期目标是提高当天下午的工作效率，那么吃巧克力棒并不是解决你眼前问题的最佳方案。

偶尔吃一个巧克力棒确实不会毁掉你的饮食习惯和你一天的生活。但是，在你的一生中，如果你每天都在做出判断时重复这种看似微小的错误，你就很难获得成功。微小的选择会产生巨大的影响。这就是为什么我们需要进行二层思考。

二层思考

在我们每个人的内心深处，现在的自己和未来的自己之间都存在着竞争。[①] 未来的自己往往希望我们做出与现在的自己不同的选择。今天的你关心的是赢得当下，而未来的你关心的是赢得以后。这两个不同的自己，使你对问题有着不同的看法。未来的自己会看到我们当前看似微不足道的选择累积起来所能带来的好处或后果。

你可以把第一层思考看作今天的自己，把第二层思考看作未来的自己。

第一层思考只着眼于解决眼前的问题，而不考虑解决方案可能带来的任何未来问题。第二层思考则是从全局的角度看待问题。它不会只看到眼前的解决方案，还会问："然后该如何？"[②] 当你要回答这个问题时，巧克力棒似乎就不那么诱人了。

如果既不考虑问题是否符合短期目标，也不考虑它是否符合长期目标，我们就根本无法以最佳方式解决问题。不进行二层思考带来的后果，会让我们在不知不觉中做出错误的

---

① 这是我在与朋友克里斯·斯帕林（Chris Sparling）的一次谈话中产生的想法。

② 我第一次接触到这个观点是在加勒特·哈丁（Garrett Hardin）那里，他提出了这个问题。

决策。如果你只想着解决当前的问题，而不充分考虑在此过程中产生的问题，你就无法确保未来会更好。

我朋友有个客户（姑且叫她玛丽亚吧），是一位主要靠自学成才的数据科学家。[①] 她在一家创业公司打拼，后来成了一家科技公司的高管，她在那里工作了五年，事业相当成功。可是最近，她的职位在一夜之间消失了，因为公司倒闭了。

她的目标是继续做管理层，年薪约 18 万美元，同时能在家工作，可以陪伴家人。在理想情况下，她希望能为一家致力于承担社会责任的公司工作。她的银行存款有 10 万美元，希望能在两年内找到工作，但最长可以等待四年。她目前收到了两个工作机会，但薪水都比她期待的要低，而且她对这两份工作都不是很感兴趣。她也在考虑回学校攻读硕士学位，希望这样能有更多的就业选择，但她知道自己无法在全职工作的同时完成学业，更不可能有时间照顾家庭。

现在让我们来考虑一些可能的解决方案。玛丽亚的选项包括：

- 回到学校攻读硕士学位；
- 接受一个年薪九万美元的全职职位；
- 做一些咨询工作；

---

① 这个例子来自"设计决策"课程。

◉ 继续寻找其他的全职工作机会。

接下来，考虑这些选项的直接结果：

◉ 如果重新回到学校，这可能意味着玛丽亚每周要花 30 多个小时做与学业有关的事情。也就是说，她用于工作赚钱或照顾家庭的时间会减少。

◉ 如果接受一个全职职位，她就能赚到钱，能够支付账单。虽然收入远远低于她的期望，但她可以通过紧缩预算、为退休储蓄更多资金进行弥补。

◉ 如果她选择做咨询工作，就会有很多未知数。她不知道人们对她能提供的服务有多大需求，也不知道提供这些服务能赚多少钱。

◉ 如果她继续寻找全职工作机会，她可能会失去现有的两个工作机会。她需要在合理的时间内给雇主答复。

既然我们已经了解了玛丽亚的几个选项的直接结果，现在到了进行二层思考的时候了。我们必须考虑这些选项的后果，尝试回答"然后该如何？"这个问题。

让我们运用"坏结果原则"来考虑各个选项，不仅要考虑一切顺利的情况，还要考虑事情不顺利的情况。

1. 如果玛丽亚回到学校

1）如果一切顺利：她获得了奖学金，建立了良好的人际网络，学到了新技能，并为自己创造了很多机会。在这种情况下，新的问题是，该如何将这些技能转化为她想要的、报酬优厚的职位。

2）如果进展不顺利：她没有学到雇主真正需要的技能，还在这个过程中背上了债务。在这种情况下，新的问题是在债务之外还要支付账单，同时还要找一份工作，工作会比之前更难找。

我们现在可以看到，玛丽亚需要进一步收集以下信息，以确定重返校园是不是她的最佳选择：

◉ 能否获得奖学金；
◉ 学校在私营企业圈子里是否有良好的关系网；
◉ 她将学习到的技能是否有公司需要，以及这些公司愿意支付多少年薪；
◉ 她需要多长时间才能凭借新技能赚到 18 万美元的年薪。

2. 如果玛丽亚接受其中一个全职职位

1）如果一切顺利：她赚的钱比她期望的少，但公司还有发展空间。在这种情况下，至少有三个新问题：（1）想办法缩小工资差距，并在她希望的时候退休；（2）想办法在公司获得晋升；（3）寻找工作以外的机会，实现她承担社会责任的愿望。

　　2）如果进展不顺利：她从事的是另一份她并不热衷的工作，赚的钱也比她想要的少。这种情况下的新问题其实并不新鲜：她的处境会和现在差不多，只是有了一些收入。

　　以下是玛丽亚需要进一步收集的信息，以确定接受其中一个全职职位是不是她的最佳选择：

◉　她喜欢自己工作的可能性；

◉　她在公司晋升的机会；

◉　这份工作会给她带来什么经验，让她可以在有意愿的时候继续前进；

◉　她是否可以一边全职工作一边回学校读书或做咨询工作。

　　3. 如果玛丽亚从事咨询工作

　　1）如果一切顺利：这份工作可以让她拥有自己的事业，工作也更加灵活。这种情况下的新问题是如何扩大业务规模。

　　2）如果进展不顺利：她的咨询机会少之又少，同时还错过了之前的工作邀请。在这种情况下，新的问题是判断下一步的行动。她的处境将与现在相同，但机会更少：她能接受工作邀请的时间也更少。

我们现在知道玛丽亚需要收集哪些信息来评估这个选项了：

◉ 人们是否愿意为她现有的知识和技能付费；
◉ 人们愿意支付多少钱。

玛丽亚的例子说明了关于二层思考的一个重要观点：它不仅能帮助我们避免未来的问题，而且能让我们发现需要的信息，从而做出更好的决策——我们之前并不知道自己需要这些信息。你很容易坐在那里什么也不做，以为正确的信息会自动找上门来。但事实绝非如此！

如何为探索解决方案阶段提供保障

虽然你已经想到了一些解决方案，但这并不意味着你已经消除了盲点。二元思维是指你面对问题只考虑两个选项。当你第一眼看上去时，事情似乎很简单：要么推出产品，要么不推出；要么接受新工作，要么不接受；要么结婚，要么不结婚。这些选项都黑白分明："做"或者"不做"。没有任何中间地带。

不过，在大多数情况下，这种思维方式是有局限性的。

有些决策看似非此即彼，要在两个选项之间做出选择，但实际上，往往还有另外的选项。优秀的决策者都知道这一点，他们认为二元思维是人们没有完全理解问题的一种表现。换言之，人们试图在完全理解问题之前就缩小了问题的范围。

其实，一旦开始详细探讨一个问题，即使对它尚未足够了解，在看到替代方案之前，我们也会发现，事情已经变得更加复杂了。

尝试解决问题的新手会试图将决策简化为两个选项，因为这样做会让人误以为他们已经触及了问题的本质。但实际上，这么做只是停止了思考而已。永远都不要停止思考！新手无法看清问题的复杂性，老手却能一目了然。大师则能看到隐藏在复杂性中的简单性。弗雷德里克·梅特兰（Frederic Maitland）曾写道："简单是长期艰苦工作的最终结果，而不是出发点。"所以，当我们把问题简化为非黑即白的解决方案时，我们需要确保自己是大师，而不是新手。

这就引出了有效解决问题的下一个原则。

3+原则：针对一个问题，强制自己探索至少三种可能的解决方案。如果你发现自己只考虑了两个选项，那就强制自己至少再找一个。

二元思维的框架固然舒适，但也很被动。为增加第三个选项而做的工作迫使我们发挥创造力，并真正深入问题内部。即使我们不选择采纳第三个选项，强制自己去思考也有助于我们更好地理解所面对的问题。这让我们有更多机会让自己的决策与目标保持一致，为未来提供更多的可选择性，并增加我们对自己的决策感到满意的概率。

有两种防止二元思维的保障措施。以下是第一个。

保障措施：想象其中一个选项是不可行的。把你正在考虑的每一个选项都拿出来，一次一个，问问自己："如果它不可行，我该怎么办？"

假设你目前在工作中与一位同事相处不融洽，你正在考虑该如何处理。二元思维给你提供的选项是留下或离开。此时，想象有一个选项被排除在外，这样会迫使你以不同的方式看待问题。比如，出于某种原因，你完全没有办法辞职，必须留下来。现在，你就不得不用新的视角来看待这个问题。尽管你的同事的确有问题，但是你能做些什么让每天上班更愉快呢？怎样才能既不失业，又能朝着自己的目标迈进呢？你可以做些什么让自己在未来有更多的选择，而不再感到无能为力呢？也许留下来意味着要与老板和同事进行一次你此前没有进行过的艰难对话，也许它意味着你要申请调到另一个部门，也许你要问问你的老板你是否可以远程工作。

现在试着从另一个角度来看待这件事。试想一下，由于某种原因，你根本无法继续工作，而是必须离开。在这种情况下你会怎么做？你要不要打电话给老客户，看看他们是否需要帮手？要不要联系你人际关系网中的一些人，问问他们能否介绍你到他们公司工作？你是否会尝试每一种可能性，直到发现自己的境况有所改善？

很多时候，我们都无法让自己随心所欲地做事，即使发现工作令人难以忍受，也很难说辞职就辞职。但这并不意味着我们被困住了。我们总是可以做些事情来向前迈进，让自己处于更有利的位置，得到更多我们想要的东西，减少我们不想要的东西。如果辞职不可行，至少可以改善目前的工作环境。如果不能留下，那就做好离开的准备。重新定义问题可以让我们知道下一步该怎么做。

记住：在充分理解问题之前，局限于二元思维是一种危险的简化问题的方式，它会造成盲点。虚假的二元对立让你无法看到可能改变你想法的其他路径和信息。另外，从两个明确的选项中去除一个，会迫使你重新定义问题，并摆脱困境。

下面是防止二元思维的第二个保障措施。

保障措施：提出"既要－又要"的选择。试着问问自己，"既要－又要"可不可以。不要从非此即彼的角度思考问题，而是"既要……又要……"

多伦多罗特曼管理学院（Rotman School of Management）前院长罗杰·马丁（Roger Martin）将这一技巧称为整合思考。与其在看似对立的二元选择面前纠结，不如将二者结合起来。简单化的"非此即彼"的选择变成了整合的"既要－又要"的选择。你可以既降低成本，又创造更好的客户体验；你可以既继续工作，又开展副业；你可以既为股东创造价值，又能保护环境。

知名作家 F. 斯科特·菲茨杰拉德（F. Scott Fitzgerald）曾经说过："检验一流智力的标准，就是一个人能否在头脑中同时容纳两种截然相反的想法，并保持止常工作的能力。例如，一个人应该既能看到局面已经毫无希望，但又仍会下定决心改变现状。"

不过，与菲茨杰拉德不同的是，我不认为你需要拥有一流的智慧才能想出两全其美的方案。组合解决方案的能力并不是天才的专利。它是一种可以被学会并付诸实践的技能，只是没有人将它教授给你而已。关键是，你要拿出足够长的时间，学会忍受对立想法之间令人不安的紧张关系，去发现能将两者最好的元素结合在一起的解决方案。这就是整合思考的意义所在。

以这种方式思考问题可能很有挑战性，但它几乎总是可行的。比如，在规划假期时，我们就比较善于进行整合思考。

我们会询问每一位参与者想要做什么，然后努力找到一个能满足所有需求的地方。也正因如此，许多度假村或游轮会提供一长串的活动列表：活动越丰富，就越能吸引兴趣各异的群体。住在这些地方的客人很少会难以抉择，比如，到底是去海滩还是去泳池。他们完全可以两个地方都去。

你可以将同样的思考方式应用到生活的其他领域中，包括你的职业生涯。遇到不称心的工作，解决办法很少只有去和留这两个选项，哪怕一开始看起来似乎是这样的。你可以既留下来，又开始接触他人，建立人际关系网；你可以既申请新工作，同时又在晚上去学校学习新技能；你可以既开始一个创造性的项目，又在现有的工作岗位上做更多的事情，为自己提供你需要的创造性的表达途径。

罗杰·马丁曾这样说："与一次只能考虑一种模式的思考者相比，利用对立的不同想法来构建新解决方案的思考者享有天然的优势。"他说得没错。整合型思考者不仅有优势，而且往往能获取增长迅速的上升空间，因为他们打破了传统的思考方式。

我们可以想一想伊萨多·夏普（Isadore Sharp）的例子。他是豪华的四季连锁酒店的创始人。夏普的第一家酒店是多伦多郊区的一家路边小旅馆，第二家是位于市中心的一家大型会议酒店。每家酒店都代表了当时的一种传统运营模式：要么规模小、注重个性化服务，要么规模大、注重设施。当时的酒店业陷入了非此即彼的二元思维。夏普没有在两者之间做出选择，而是将小型酒店的亲切感与大型酒店的便利设施结合了起来。在这个过程中，他创办了一种新的经营方式，并创办了有史以来最成功的连锁酒店。

我们的个人生活也能从"既要－又要"的思考方式中获益。例如，我们常常期望伴侣能百分之百地满足我们的情感需求。对任何人来说，这种要求都有些过高了，所以失望是不可避免的。这时，许多人都会在亲密关系中遇到挑战。但是，这时不要问："我应该留下还是离开？"而要问："我的伴侣不能满足我的情感需求，还有其他人能满足吗？"同理，我们可以问："工作中有没有同事可以让我倾诉？我是否有志同道合的朋友？"或者，"谁愿意和我一起上这门课？"

当我们想到要在生活中接纳更多人的时候，我们就为自己开辟了"既要－又要"的选项。在摆脱了通常的二元思维问题"我应该留下还是离开？"之后，我们开始问自己："除了我的伴侣所擅长的事，我的生活中还可以接纳哪些人来帮助我处理其他事？"

我们不需要很多额外的选项，只需要几个真正有价值的选项。当你听到自己说"要么选择 X，要么选择 Y"时，这意味着你进入了狭窄的二元思维通道。深入思考目前面临的问题，并强制自己增加可靠的替代选项，可以让你看到以前你可能从未考虑过的解决方案。

机会成本

所谓更好地思考，并不是单纯为了让你为以前见过的问题找到答案，也不是记住什么时候该做什么，更不是让别人替你思考。更好地思考是要超越那些显而易见的东西，看到隐藏在视线之外的事物。

现实世界充满了利弊权衡，有些显而易见，有些则是隐蔽的。机会成本是决策者通常难以评估的隐性权衡，每项决策都至少包含一个这样的权衡。因为我们不可能事事如意，所以选择一件事通常意味着放弃另一件事。衡量隐蔽的利弊得失的能力是优秀决策者与一般决策者的区别之一，也是领导力的核心要素。

查理·芒格曾说过："聪明人会根据机会成本做出决策……你的备选方案往往干系重大。我们就是这样做出所有决策的。"

改善我们的思考方式，不仅仅是为了获得我们以前遇到过的问题的答案，也不只是要记住一系列预先确定的行为，或是依靠别人替我们思考。改善思考方式是要深入研究，超越表面现象，发现隐藏在视线之外的东西。

很多人只关注选择一种方案能得到什么，却忽视了放弃另一种方案会有什么损失。但是，衡量相关机会成本的能力是优秀决策者与一般决策者的一大区别。

我最喜欢的一个例子是关于安德鲁·卡内基（Andrew Carnegie）的一个故事。卡内基年轻时在宾夕法尼亚铁路公司工作，经验相对不足，当时发生了一起严重的火车事故，出轨的火车车厢散落在铁轨上，整个系统陷入了瘫痪。卡内基的上司不在，所以他必须自己决定如何处理这一事件。清理车厢可以抢救出很多货物，但是这么做耗时太长，还会导致所有列车停运数日。卡内基意识到，整个系统停运数日的代价远远大于货物和车厢的价值。于是，他发出了一份署名为他上司的醒目通知："烧掉出轨的车厢！"上司得知他的选择后，立刻将其作为今后处理类似紧急情况的常规做法。

不论是在商业活动中还是在生活中，考虑机会成本往往是最有效的方法之一。要想探索都有哪些选项，最佳方式是将所有相关因素都考虑在内。如果不考虑机会成本，就无法做到这一点。

有两条与机会成本有关的原则。第一条原则如下。

机会成本原则：考虑一下，当你选择一种方案而不是另一种方案时，你放弃了哪些机会？

第二条原则与第一条密切相关。

三镜头原则：通过三个镜头来看待机会成本：（1）与什么相比？（2）然后呢？（3）以什么为代价？ ①

对大多数人来说，第一个镜头属于我们的默认值，因为成本是直接可见的。例如，想想买汽车这件事。如果你和大多数人的想法差不多，就可以很快把决策范围缩小为几个选项："特斯拉看起来特别酷，而且很节约，但它适合公路旅行吗？宝马看起来很棒，后备箱空间也更大，但汽油车是否落后了呢？我应该买 42 000 美元的车还是 37 000 美元的车？"在比较两款车型时，我们往往只关注 5000 美元的差价能给我们带来哪些功能，而忘记了用另外两个镜头来看待我们的选择。

当我们用第二个镜头来看待选择时，我们会考虑选择后产生的额外成本——例如，我们需要如何给特斯拉充电、它每年的预计维护成本、它的耐用性以及我们每年要进行多少次长途驾驶。当我们用第三个镜头来看待选择时，我们会考虑用 5000 美元还能做什么。我们要为此放弃当年的全家度假吗？如果我们将这笔钱用于投资，能得到多少赢利？如果我们用这笔钱去还房贷，存款情况会如何？要不要存一些钱以

---

① 这是我综合了沃伦·巴菲特、查理·芒格和彼得·考夫曼的观点后得出的结论。

备不时之需，比如，万一失业了呢？用这三个镜头看问题，有助于我们做出更好的决策。

当然，金钱不是唯一需要考虑的机会成本。它只是最直接、最明显的，因此人们往往会把注意力集中在金钱上。人们总是相信，容易一眼看到的东西才是最重要的。但在很多情况下，考虑机会成本的真正价值在于理解那些间接的隐性成本。

时间就不像金钱那么容易被看到，但它却同样重要。假设你的家庭成员不断增加，是时候换个房子了。搬到郊区，你就能拥有一栋更大的房子，孩子们就能有个大院子，而且比在市中心买一套后院逼仄的复式公寓更便宜。在这种情况下，很多人满脑子想的都是搬到郊区可以省下多少钱，并沉浸在第一次跨进新家大门的喜悦之中。但这种思考方式只是在用第一个镜头看待问题，它并没有揭示出住在郊区的那些不太明显的成本。当我们运用另外两个镜头时，就能更清楚地看到这些成本。

让我们运用第二个镜头。假设你在郊区买了房子。此时问问自己："然后该如何？"如果你选择了这个选项，你的情况会发生怎样的变化？首先，你上下班的通勤时间可能会发生变化。此前，单程可能半小时就够了，而且你总是能准时到，但现在，单程可能至少需要一个半小时，而且路况还难以预测。

现在，再来使用第三个镜头。问问自己："代价是什么？"因为每天多花两三个小时在路上，你有什么事情不能做了？你会减少与孩子和伴侣相处的时间吗？如果不能和他们待在一起，你会错过什么吗？你能在通勤路上学习一门新的语言或阅读一些伟大的文学作品吗？或者，你是否不得不面对开车带来的沮丧和压力？随着时间的推移，哪个选项更有利于你的身心健康？

提示：在评估机会成本时，如果你觉得不好判断，可以尝试给机会成本定价，这样可能会有所帮助。例如，为每天额外花费在通勤路上的两三个小时定价，会让它们更加显而易见，也更容易评估。

不过，请记住，对成本难以评估的事物进行定价，只是一种工具。和其他工具一样，它对某些工作有用，但并非总是有用。定价只会让看不见摸不着的东西在一定程度上变得可见。有时，有些重要因素无法用价格来衡量，否则就会严重扭曲权衡判断。正如爱因斯坦所言："能被计算的东西，不一定重要；重要的东西，不一定能被计算。"我们稍后会看到，明智的决策者所擅长的，就是评估这些"无价"的因素。

评估各个选项

现在，你已经想出了一些可能的解决方案及相关细节。每种方案都提出了一个可能有效的行动办法。你现在需要评估各个选项，并找出最有可能让未来变得更好的那个选项。这里需要考虑两个因素：（1）你的评估标准；（2）如何应用这些标准。

每个问题都有其独特的标准。一些比较常见的标准包括机会成本、投资回报率和实现预期结果的可能性，但还有很多其他标准。如果你理解了问题所在，标准就是显而易见的。最近，我负责了一次装修任务。我的一部分标准包括工作人员的经验、可用性、过去项目的进度以及工艺质量。

如果你发现自己很难确定具体的标准，那就说明你没有真正理解问题，或者你没有理解标准应该具有的一般特征。这些特征包括以下内容。

⊙ **清晰度**：标准应该简单明了，没有任何行话。在理想的情况下，即使面对 12 岁的孩子，你也能把标准解释清楚。

- **对目标的提升**：标准必须只对那些能够实现预期目标的选项有利。
- **决定性**：标准必须只偏向一个选项，而不能在几个选项之间"骑墙"。

不满足这些条件的标准往往会导致决策失误。如果标准过于复杂，人们就很难知道如何应用它们。而当标准模棱两可时，人们就会大开绿灯，以任何适合自己的方式来解释它们。因此，人们最终会根据自己的需求或当时的感受，以不同的方式应用标准。如此一来，他们的决策过程就成了情感默认值的天地。

在工作中做决策时，模棱两可或充满行话的标准会引发无休止的争论。我们会假设每个人都对这些词句的含义有着同样的理解，但其实不然。我们会假设自己所下的定义不会改变，但其实会变。"战略性的"这类词语看似平常，但在不同的人那里往往有不同的含义。因此，如果标准模棱两可，决策者就无法区分谁对谁错，这会迫使人们就语义展开争论，而不是聚焦于哪种解决方案更好。

有时，标准并不能推动目标的实现，这往往是社会默认值发挥作用的结果。一个常见的例子是，领导者在做出聘用或晋升的决策时，不是基于某人的资历，而是基于其讨人喜欢的个性。可是，一个人性格好，并不等于他工作出色。在做出人事决策时，将一个人是不是好相处作为标准，往往不会推动整个组织目标的实现。

有时，标准还可能会推动错误目标的实现——引导团队去做容易在短时间内做到的事，而不是去做从长远来看对公司最有利的事。比如，1986 年 1 月，就发生了一个这样的悲剧。

美国国家航空航天局一直想将航天飞机打造成在太空执行商业和科学任务的可靠工具，为此制定并采用了一个令人难以置信的、雄心勃勃的发射时间表。这一次，美国国家航空航天局将"挑战者"号航天飞机的发射日期设定为时任总统罗纳德·里根（Ronald Reagan）发表国情咨文的同一天。按照这一计划，这将成为一次壮观的媒体活动，全美各地的学校都做好了准备，接受来自外太空的第一堂科学课。

但在发射前几天召开的一次飞行前会议上，来自"挑战者"号项目承包商莫顿·瑟奥科尔公司（Morton Thiokol）的工程师们发出了大声疾呼。他们知道，按照预计的发射日期，那天的气温很可能太低，航天飞机的 O 形环可能会失效。如果 O 形环失效，将会带来灾难性的后果。他们希望能有时间解决这个问题，或是等待气温更高的时候发射，因此恳求美国国家航空航天局推迟发射计划。他们的请求遭到了拒绝。

一位美国国家航空航天局的官员是这么说的："我对你们的建议感到震惊。"另一位官员说："你们想让我什么时候发射？明年四月吗？"我们大多数从20世纪80年代走过来的人都记得接下来发生的事情："挑战者"号在发射73秒后爆炸。决定发射日期的标准显然应该首先考虑安全目标，而不是时效目标。

惯性默认值也会促使我们采用一些无法推动目标实现的标准。例如，上层管理人员可能看不到市场条件已经发生了变化。他们没有花时间去认识新的情况，并相应地调整他们的标准，而是继续使用过去惯用的标准，即使这些标准在当前已不能对实现目标起到推动作用。

标准也可能不具有决定性。如果标准无法帮助我们缩小选择范围，这样的标准就没有用。不具有决定性的标准意味着你没有完全理解问题的实质，并且在操作时担心自己会出错。而那些不想对结果负责，或者对自己想要什么没有明确想法的人，容易被社会默认值左右。

你可以想想和几个朋友一起选择去哪家餐馆吃晚饭时的情形。有人提出一个初步建议，比如吃墨西哥菜，此时，往往会有一个人跳出来说："我昨晚刚吃过墨西哥菜。"然后你会听到有人说："沙拉怎么样？"这时就会有人说："我饿死了，不想吃沙拉。"讨论就这样没完没了，令人生厌：大家总是在说自己不想吃什么，直到每个人都饿得不行了，才会草草选择最方便的一家餐馆。我经常看到这种情况发生，简直滑稽可笑。（下次遇到这种情况时，你可以留意一下！）

在这类情况中，我们遇到的问题是，很多时候，纯粹的负面标准并不具备决定性：它们无法将选择范围缩小到一个。因此，到最后，人们只能将最终的选择权留给机会或环境。有句老话说得好："如果你不知道自己想去哪里，你就只能随波逐流。"

相比之下，假设你和朋友们在决定去哪里吃饭时，大家不是说自己不想吃什么，而是说自己想吃什么：

"我想找一家步行十分钟以内就能吃到沙拉的地方。"

"我想找家汉堡店。"

"我吃什么都行，只要能快点儿吃上。"

如此一来，你们就能更快地做出决策，也更有可能让更多人如愿以偿。

界定最重要的事情

不同的标准，其权重是不同的。一件事可能涉及上百个变量，但它们并不是同等重要的。一旦你明确了什么最重要，评估各个选项就会变得更容易。很多人不好意思选择最重要的那一个，因为他们不想出错。

如果你不明确表达出来什么是最重要的，别人就只能猜测。他们需要你为他们解决问题。当你觉得别人需要自己、自己很重要时，你也在忙着做所有本该由同事做的决策。

很多管理者都喜欢那种整个团队的工作都要仰仗自己的感觉。可是，不要上当！这是自我默认值在发挥作用，它决定了你最终能走多远。它想让你相信，你是最棒的，你是如此聪明、如此熟练、如此有洞察力，只有你才能做出决策。但实际上，你只是在妨碍团队发挥最佳水平。

我本人就吃过这样的苦头。有一次，我刚刚接手一个团队，令我感到惊讶的是，他们在做出任何决策之前都会先来问我——这是他们的前任经理立的规矩。

为了加快速度，我想出了一个办法，让他们把决策分为三种。

第一种：可以在不征询我的任何意见的情况下做出的决策。

第二种：在与我分享了他们的思考过程之后可以做出的决策（这样我就可以检验他们的判断）。

第三种：我想自己做出的决策。

但是，他们还是有事就来问我。

几个月后，我找到我的导师，问他该怎么办。他问我："你的团队成员知道他们应该做什么决策，而哪些决策你想亲自做吗？ 相关的规则是清楚的吗？ ”

我回答说：“他们知道，而且规则清楚。但由于我们工作业务的性质，当我不在场时，他们也必须在第三种情况下做出决策。这是我们遇到的最大问题。在这种情况下，他们似乎无法做出决策。”

导师接着问：“他们知道最重要的事情是什么吗？”

我回答说：“我不太明白你的意思。针对每种不同的决策，最重要的事情都是不一样的。”说罢，我列举了几种不同类型的决策，说明了相关变量有何不同。

导师说：“我不是这个意思。他们知道你最看重什么吗？”我犹豫了一下。导师盯着我，继续追问：“那你知道自己最看重什么吗？”我茫然地看着他，不知如何回答。他叹了口气：“问题不在你的团队那里。问题在你身上。你不知道什么是最重要的。如果你不知道，你的团队就永远无法在你不在的情况下做出决策。而让他们找出最重要的事情是什么，其中的风险太大了。你把自己最看重的东西告诉你的团队，他们就能自己做出决策了。”

“如果他们做出了错误的决策怎么办？”

“只要是基于最重要的事情去做决策，他们就不会出错。”说到这里，我的导师停顿了一下，然后又缓缓说道：“很多人都是因为搞不清楚这一点，而无法更进一步。"

那一天，我收获了三个重要的教训。第一，我不能指望我的团队自己做出决策，除非我告诉他们我希望他们如何做出决策。这意味着要聚焦于一件最重要的事情，而不是让他们考虑成百上千的变量。第二，如果团队在做决策时考虑到了最重要的事情，结果却出错了，我也不能对他们表达失望。如果我表达了失望，以后他们就不会在我不在场的情况下做决策了。第三个教训也许最有启发性：我自己都不知道最重要的事情是什么。所以，我也无法把信息传达给团队。

如何为评估阶段提供保障

在每个项目、目标或公司中，最重要的事情都只有一件。如果你认为有两件或两件以上最重要的事情，这说明你并没有清晰地思考。一般情况下，对领导力和问题的解决而言，这都是一个重要的方面：你必须选择一个高于其他所有标准的标准，并以你的团队成员能够理解的方式传达给他们，这样他们才能自己做出决策。这才是真正的领导力。你需要明确团队成员在做决策时应该使用什么样的价值衡量标准。如果我告诉你最重要的是为客户服务，你就会知道如何在我不在场的情况下做出决策。如果你做出了错误的判断，但仍然把客户放在第一位，我就不能责怪你，因为你是按我的要求做的。

但是，确定什么是最重要的，这是一项技能，需要实践经验的辅助。方法如下。

我建议使用便利贴来进行这项练习。首先，在每张便利贴上写下一个标准——一件对你来说重要的事——以此来评估你的各个选项。

例如，在我决定投资 Pixel Union（Shopify 宇宙中最大、最好的设计机构之一）之前，我写下了一些对我来说很重要的标准。

这些标准包括：

- 员工、客户和股东三赢；
- 业务增长而不是萎缩；
- 与我信任的人一起工作；
- 无须管理员工或增加我的工作量；
- 不借钱；
- 很有可能获得体面的投资回报。

还有更多条，但大体意思就是这样。在每张便利贴上只写一个标准，因为接下来，我们要让你的标准相互竞争。

选择你认为对你来说最重要的标准，把它贴在墙上。然后拿起另一个标准，与墙上的那个进行比较，问问自己："如果我必须在这两个标准中选一个，哪个更重要？"

回到我投资 Pixel Union 的例子，第一场标准之间的竞争可能出现在获得投资回报与无须管理员工或增加我的工作量之间。

如果只能选择其中一个——如果要获得投资回报就必须管理员工，或者不管理员工就会少赚钱——我该选择哪个？即使需要管理他人，我也会选择赚更多的钱。所以我把这个标准的地位升高了。

当然，我只愿意在一定程度上负责人员管理的工作。如果这样做太耗时，我可能会把权重颠倒一下。这就引出了下一步：添加价值量。当你将写下的标准进行比较时，你会发现标准涉及的价值量很重要。在它们相互竞争时，记得把这些价值量添加到每条标准中。

假设，我发现只要每年的投资回报率至少达到 15%，我就愿意每周多花 5 到 10 小时来管理员工，或对某些事亲力亲为。如果我每周要多花 10 多个小时，我的投资回报率至少要达到每年 20% 才行。如果我每周要多花的时间超过 20 小时，那么无论预期回报率如何，对我来说都不再值得，因为时间的机会成本太高了。

把这两个标准排完序之后，再去看下一对标准。就这样，从上到下，让你的标准相互竞争优先顺序，并在此过程中添加对你来说重要的价值量。

很多人在做这个练习时，会看着一对标准想："我不一定要在这两个标准中做出选择。"这可不行！无论如何，都要在二者之中做出选择。这件事的关键并不是比较它们，而是找出哪个标准更重要。也许，在现实生活中你可以同时满足这两个标准——比如，也许你可以在投资一家有社会责任感的公司的同时获得很高的投资回报率，或者你可以在健身的同时仍然每周外出就餐三次，或者你可以在一个很好的地段买一套正好符合你预算的房子。但通常，当我们真正开始追求一个选项时，就会发现，我们必须把一个标准放在另一个标准之上——哪怕只是一点点。在大多数情况下，让不同的标准相互竞争的过程就是一个"校准灰度"的过程。它是一种思维训练，能让你摆脱被动反应的模式，转而开始深度思考。

在这个时候，为你的标准赋予量化的价值往往比较有效。当你开始比较各种事物，思考你将为它们付出多少代价时——无论是以时间、金钱还是总体付出的脑力为衡量标准——你就会清楚什么对你来说最重要，而什么不重要。这种思考迫使你从收益和风险的角度思考问题，从而让那些你以前看不见的成本变得清晰可见。基于上述原因，让你的标准相互竞争，会让你变得更客观、更准确，也会帮你认识到，什么对你来说是最重要的。

一旦确定了你的标准及其重要性排序，你就要把它们应用于每一个选项。要做到这一点，你就必须掌握有关这些选项的信息，这些信息必须满足两个条件：它们是相关的，也是准确的。

大多数信息都无关紧要

在获取与决策相关的信息时，请记住下面这条原则。

目标原则：在开始整理数据之前，要知道自己在寻找什么。

如果你不知道自己在寻找什么，你就不可能找到它，就像如果你不知道自己的靶子是哪一个，你就不可能击中靶子一样。如果你不知道什么是重要的，你就会错过与之相关的事情，并在无关紧要的事情上花费大量时间。

大多数信息都是无关紧要的。知道可以忽略哪些信息，学会将信号与噪声区分开来，是避免浪费宝贵时间的关键。例如，想想如何进行投资决策。优秀的投资者知道哪些变量可能会影响结果，他们会关注这些变量。他们不会忽略其他所有东西，但主要关注这些变量可以让他们快速过滤大量的信息。

在这个信息流永不停歇的世界上，能够迅速区分哪些信息重要、哪些信息不重要的人将获得巨大的优势。

知道哪些信息可以忽略，就能专注于重要的事情。我们应该以优秀的投资者为榜样，在开始整理信息之前，了解对评估各个选项很重要的那些变量。

从源头获取准确信息

说到获取准确信息，你应该知道两个原则：高保真原则和高度专业信息原则。高保真原则可以帮助你在任何特定情况下找到最佳情报，而高度专业信息原则可以帮助你在特定情况之外找到最佳情报。

高保真原则：获取"高保真"（HiFi）信息——接近信息来源，且未受他人偏见和兴趣影响的信息。

决策的质量与思考的质量直接相关，而思考的质量又与信息的质量直接相关。

很多人会以为所有的信息来源都同样有效，其实不然。虽然你可能会重视听取每个人的意见，但这并不意味着每条意见都应该得到同等的重视或考虑。

我们使用的很多信息都是以重点、摘要或提炼后的形式出现的。而这形成了对知识的幻觉。我们知道了答案，却无法展示自己的成果。

比如，试想一下，当我们向营养学家咨询时会发生什么。他们会把自己多年的经验和知识压缩成一份可以照着吃的食物清单，以及一份需要照着做的行为清单。如果你只想知道答案，他们会告诉你吃什么、吃多少。这是经过浓缩加工的信息，就像你在小学六年级的数学课上抄同桌的答案一样。当然，你确实得到了正确答案，但你不知道答案是怎么来的，以及它为什么正确。你对答案缺乏理解，而未经理解的信息是危险的。

我们很自然地认为这些浓缩加工过的信息会节省我们的时间、改善我们的决策，但在很多情况下，它们其实并不能起到这样的作用。阅读摘要可能比阅读完整的文件更快，但这么做会遗漏很多细节——总结信息的人可能觉得这些细节无关紧要，但它们对你来说却可能至关重要。你节省了时间，最终却以错过重要信息为代价。漫不经心地略读文件，会制造许多盲点。

信息是我们思考的食粮。你今天获取的信息塑造了明天的解决方案。就像你要对吃进嘴里的食物负责一样，你也要对进入头脑的信息负责。如果你每天给自己吃垃圾食品，就不可能身体健康，同理，如果你摄入的信息质量低下，就不可能做出正确的决策。高质量的输入才会带来高质量的输出。

人们喜欢经过浓缩加工的信息，这一点是可以理解的。当代社会信息爆炸，每天都在轰炸我们，这可能会让我们感到手足无措。但是，信息距离初始来源越远，它们在到达你手中之前被过滤的次数就越多。只吸收浓缩加工后的信息，就像只吃垃圾食品一样，营养价值低——信息含量少，就意味着你学不到什么东西。

真正的知识是辛苦赚来的，而经过浓缩加工的知识只能算是借来的。但是，在实际工作中，很多决策者的信息来源往往与问题的来源相去甚远。另外，如果只依赖浓缩加工后的信息，我们的自我默认值就会兴风作浪。它会让我们产生那种对知识的幻觉：在没有真正理解问题的前提下，我们已经自以为对该做什么信心满满了。

劣质的信息无法使人做出正确的决策。实际上，如果你感觉别人的决策不合理，很有可能是因为他们所依据的信息与你掌握的信息不同。就像垃圾食品最终会让人变得不健康一样，输入劣质的信息最终会导致错误的决策。

那么，我们怎样才能获得更高质量的信息呢？

最接近问题根源的人往往掌握着最准确的信息。他们缺乏的往往是更广阔的视角。在麦当劳工作的员工，比只分析过一些用餐数据的人更清楚如何解决餐厅反复出现的问题。

只不过，这些员工不知道如何将这些信息应用到对大局的分析之中。他们不知道问题是否到处都存在，也不知道如果对全局实施某个解决方案是否弊大于利，更不知道如何将想法推广给每一个人。

我的朋友蒂姆·厄本（Tim Urban）曾经用过一个很好的比喻来解释这个概念。在餐饮业，有主厨，也有普通厨师。这两种人都能按照菜谱做菜。当事情按计划进行时，过程和结果并无差别。但是，如果过程中出了错，主厨知道问题所在，而普通厨师就不一定了。主厨通过多年的经验、实验和反思积累了深厚的理解力，因此，当问题出现时，他们就能诊断出问题所在。①

历史告诉我们，最伟大的思想家使用的都是他们亲自收集的信息。他们的知识来之不易，要么是在经验中获取的，要么是通过对典范的仔细研究获取的。他们孜孜不倦地寻找原始的、未经过滤的信息，并在外面的世界探险，直接与世界互动。

达·芬奇就是一个很好的例子。他一生都在写日记，其

---

① 这也是纳西姆·塔勒布（Nassim Taleb）提出的"领域依赖"（domain dependence）概念：对于某个难题，如果我们只知道答案，但缺乏理解，在事情进展不顺利时就无法排除故障，或者无法将我们的知识应用于看似相同但并不完全相同的问题。

中记录了他是如何获得正确信息的。他写道："请教算术专家，如何求三角形的面积。""请教水力学专家，如何修复伦巴第式的水闸、运河和磨坊。"

伟大的思想家都清楚高质量信息的重要性，也明白别人浓缩加工过的信息往往作用有限。

随着信息在一个组织中的传播，它的质量往往会下降，其细微之处也会减少。想一想童年时玩过的"传话"游戏：你悄悄告诉一个人一句话，这个人再悄悄告诉下一个人。传来传去，最初的消息就变了味儿。从一个人传到下一个人不一定会带来多少改变，但随着经过的人数增加，微小的变化就会积少成多。信息在组织中传播时，也会发生同样的情形。信息会经过多重过滤，其中还掺杂着个人理解水平、权利解释和偏见等差异。细节被概括，信息开始失真。此外，人们在交流信息时内心会有各种动机，这最终也会让事情变得更加复杂。

信息失真，问题不仅仅在于人作为信息传递者是不可靠的，还在于经过浓缩加工的内容所能传递的信息有限。让我们以地图为例。地图是对真实景观的抽象概括，这些景观包括岩石、植物、动物、城市、风和天气等。在绘制地图时，我们并不会展现出所有的自然景观，而只会展现出那些我们感兴趣的事物，例如道路、河流和地理边界等。我们将这些景观的特点从原始的对象中抽离出来，并以一种合适的方式展现出来。

绘制地图时，另一件重要的事情是删除那些我们不感兴趣的东西。但是，在这个过程中，不同的人会根据自己的兴趣来决定哪些有用、哪些没用。如果我们对其他事物感兴趣呢？如果我们对人口密度或地质岩层感兴趣呢？如果一张地图并不是为了突出这些概念而设计的，它对我们来说就用处不大。

地图如此，任何其他被浓缩加工过的东西也是如此：从本质上讲，它们都是为设计者的兴趣服务的。如果设计者与你的兴趣不一致，他们所抽取的信息对你来说就没有太大用处。同样地，你从二手来源获得的任何信息都可能经过了该来源的兴趣过滤。由于你的兴趣有可能与他们不同，他们的总结、重点和描述就可能会遗漏有助于你做出决策的相关信息。

在为一家大公司的 CEO 工作时，我认识到了准确信息的重要性。所有文件都要先经我过目，才会放上 CEO 的案头。一天清晨，我看到他的一个直接下属发来一封电子邮件，邮件指出，一个技术问题正影响着公司的运营。我向 CEO 汇报了我听说的关于这个问题的情况，他听完汇报后，问了我一个很简单的问题："你是从哪里得知这个信息的呢？"我回答说，我是从负责这个部门的副总裁那里听说的。他的脸上马上露出了失望的表情，很久都没有说话。

最后，他温和地告诉我，只有得到的信息足够准确，他才能做出正确的决策。

他很难得到原始的"高保真"信息。他知道公司里的人在传达信息时会尽力掩盖错误或美化自己，在经过如此这般的几层过滤之后，情况不会变得更清晰明了，而会变得模糊不清。

如果想做出更好的决策，就需要得到更准确的信息。只要有可能，你都需要亲自去学习、去发现，或者亲自去做。有时候，最准确的信息也最难以传达。

"高保真"信息意味着更好的选择

美国上将乔治·马歇尔（George Marshall）是一位大公无私、能力超凡的领袖。他从不拿士兵们的安危去冒险。他重视"高保真"信息，总是会深入探寻信息的源头。

在第二次世界大战期间，有一次，美国军事部门遇到了一个难题：太平洋战场上的空军飞行员拒绝执行飞行任务。马歇尔收到的报告说飞机出了问题，不过不是零件的问题——所有需要的零件都能保证供应。马歇尔问，是不是飞行员们希望在某些方面对飞机做一些改良。但这不是问题所在。

马歇尔极尽所能地想要弄明白真实的情况。他找指挥官谈话，但一无所获，于是他就依照自己的习惯做了另一件事：他派了一个人，"去四下走访，看看能否发现报告中没有提到的情况——而不仅仅是他们吵嚷着要求解决的事情"。

其实，不管是指挥官还是厨师，谁都不喜欢总部派来检查的人。每个人心里都有顾忌和猜疑。但是马歇尔需要有人去基层进行实地观察和倾听，以抓住问题的核心。他知道，只有直接深入源头才能找到答案。

马歇尔派去的人发现，空军的地勤人员没有任何防蚊措施。他们夜间维修飞机时不得不待在电灯下，而电灯会吸引大批的蚊子来疯狂地叮咬他们。技师们都得了疟疾，或者在服用抗疟疾的药物，飞行员们不信任他们的工作，因此拒绝执行飞行任务。

而司令部里有相应的防蚊措施，军官们能免受蚊虫叮咬之苦，他们根本不了解在野外作业的真实情况。他们关注的是作战物资——弹药、零件和食物——而不是防蚊网。不过，马歇尔得到了"高保真"信息，于是他决定暂时先砍掉一些作战物资，腾出运力，为前线运送防蚊网。问题就这样解决了！

马歇尔认识到，理解难题并解决难题的唯一方法就是深入其源头。他经常亲自去前线，或者派他信任的人去了解真实情况。

确保得到"高保真"信息

既然了解了"高保真"信息的重要性，以下四个保障措施可以确保你总能得到这样的信息。

保障措施：进行试验。测试一下，看看会产生什么样的结果。

试验是收集重要信息的一种风险较低的方法。例如，如果你想知道人们是否会购买某件东西，那就试着在你设计制造它之前就尝试进行营销。我在塔夫特和尼德尔公司（Tuft & Needle）的朋友就是这么做的。他们是最早将泡沫床垫直接送到消费者家中的公司之一。有一天，在喝咖啡的时候，他们和我分享了他们在创业初期的一个令人难以置信的故事。为了验证他们的想法，他们建立了一个登录页面，花钱在社交网站上登了个广告，然后就开始接订单了。他们甚至还没有产品，也没有成立公司；他们只是想看看人们是否会从他们那里购买泡沫床垫。在接了几天订单之后，他们有足够的证据证明，人们会购买他们的产品。于是他们退掉了所有订单，然后正式成立了自己的公司。这个例子可能有点儿另类，但试验确实可以从多个途径帮助我们确定，人们对一种产品或服务是否有足够多的需求。

保障措施：评估给你提供信息来源的人的动机。记住，每个人看待事物的角度都是有局限的。

当你无法亲自去确认某件事时，评估人们的动机就尤为重要。如果你必须完全依赖别人的信息和意见，你就有责任考虑一下他们是透过什么样的"眼镜"来看待目前的情况的。每个人看待问题的角度都是有局限的，也都有各自的盲点。作为决策者，你的任务就是将每个人的观点结合起来，使之更贴近事实。

很多人以为的信息或事实，实际上只不过是观点，或者是少量事实与大量观点的结合体。比如，如果你打算卖掉你的房子，参与其中的每一方都会对你的售房收入有不同的想法：银行、你的房地产经纪人、买方的房地产经纪人、你的朋友、验房师、互联网和政府。他们都只看到了情况的一部分。每一方都有不同的动机，这些动机决定了他们如何看待周围的世界。为了更清楚地了解具体的现实，你就要考虑每一方是如何从他们提供给你的信息中受益的，然后将他们的观点结合在一起。

可以把每个人的观点看作观察这个世界的眼镜。当你戴上他们的眼镜时，你就能看到他们所看到的景象，并能更好地理解他们可能有的感受。但是那些眼镜有盲点，经常会忽略重要的信息，或是混淆事实和观点。试戴过所有的眼镜，你就能看到别人错过的东西。

从别人那里获取信息时，你需要保持开放的心态，这意味着要尽可能长时间地保留你自己的判断。人们在收集信息时往往会将自己的判断、信念和观点强加于他人，从而破坏了信息收集的过程。不过，此处的关键在于不要与人争论或提出异议。动辄评判别人，指出他们错了，只会让他们闭嘴，从而阻碍信息的自由流动。在收集信息时，你的任务就是透过别人的眼镜看世界。你要了解别人的经历，以及他们是如何处理这些经历的。即使你不同意别人对世界的看法，你也能从中获得有价值的信息。为此，你只需要提出问题，保留自己的想法，并对别人的视角保持好奇。

保障措施：如果希望从别人那里获取信息，在提问时要注意让自己的问题容易引出别人的详细回答。不要单纯问人们在想什么，而要问他们是怎么想的。

如果你直接问别人在特定的情况下该怎么做，你可能会得到正确答案，但这时，你并没有学到什么有用的东西。假设某地方政府的工作组需要为一个项目雇用一名软件开发人员，但他们没有这方面的经验，也不知道该找什么人。任务小组中的 A 君找到一位做软件开发的朋友，问道："为了这个项目，我应该雇用谁？" B 君也去咨询别人，但他说的是："我正在招聘一名软件开发人员，我想学习你在这方面的经验。哪些技能很重要，而哪些技能可以边工作边学习？ 为什么呢？ 我在哪里可以找到最优秀的人？ 如何测试这些技能？" 等等。

经过第一次谈话，B 君可能没有得到任何推荐的人选，但我认为与 A 君比，他最终找到更好人选的概率要大得多。原因在于，B 君咨询的内容是指导如何在该领域做决策的原则，而不是具体案例的细节。他询问的是别人努力获得的知识，然后将其变成自己的知识。

做决策时，我们的目标不是简单地收集各种信息，而是收集与我们的决策相关的信息。为了做好这件事，我们不仅要建立一个数据点（data points）清单，而且需要理解这些数据点背后的原因和方法——优秀的决策者在这个领域运用的原则。

要了解这些原则，就必须学会提正确的问题。我推荐提以下三类问题。

问题 1：如果你站在我的立场上，你会利用哪些变量来做出这个决策？ 这些变量之间如何关联在一起？

问题 2：关于这个问题，你知道哪些我（或其他人）不知道的东西？ 根据你的经验，你能看到哪些不具备你的经验的人看不到的东西？ 你认为哪些东西是大多数人都会忽略的？

问题 3：如果你站在我的立场上，你的决策过程是什么样的？ 你会如何去做？（ 或者：你会如何告诉别人去做这件事？）

请注意，这些问题与典型的"我的问题是这样的。我该怎么办呢？"这样的问题是多么的不同。记住：你提的问题会决定你获取信息的质量。

从专家那里获取准确信息

我们刚刚谈过获取"高保真"信息的重要性。获取准确信息的第二个原则是获取高度专业的信息。

高度专业信息原则：尝试获取高度专业的信息，这些信息既来自在某一特定领域拥有丰富知识和经验的人，也来自在多个领域拥有知识和经验的人。

如果你找不到与问题涉及的领域接近的人，就去找最近解决过类似问题的人。要注意"最近"这个词的细微差别。当你想从专家那里得到具体建议时，可以找最近解决了你想解决的这类问题的人。如果你要问的人在 20 年前解决过你所遇到的同类问题，他们恐怕无法提供具体且有效的见解。你需要的是当前的专家，而且我指的也不是那些在电视上高谈阔论的人。他们往往并不是真正的专家。

专家可以提高信息的准确性，减少你获取信息的时间。哪怕只是听取一位专家的建议，也会让你少走很多弯路，帮助你快速确定和（或）排除各个选项。

当我开始在一家情报机构从事编程工作时，我亲身体会到了专家建议的价值。那段经历和我学编程时的经历截然不同。上学的时候，基本上会用搜索引擎就够了，我们当时所做的，就是把搜到的代码拼凑在一起。很多问题在很久以前就已经有人解决过了，而且解决方案无须做出太大改变。但是，在情报机构工作时，编程就难多了。出于安全考虑，程序员被禁止使用搜索引擎搜索任何有关内容。而且，即使允许使用搜索引擎也无济于事，因为我们当时尝试做的事情，此前从未有人做过。

干了没几个月，我就遇到了一个问题，完全卡住了。真的卡住了！我从小就学着从很多不同的角度去思考一个问题，如果不行，最后我总会想，只要我埋头苦干，加倍努力，终究会想出办法的。日子一天天过去，然后几个星期也过去了。我不明白到底是怎么回事。最后，我垂头丧气地找到了一个曾经解决过类似问题的人，向他说明了我的困惑。

他说："让我看看你的代码。"用了不到 20 分钟，他就诊断出了问题所在：在某些特定情况下，文档中描述的情况与实际情况存在细微差别。因为大多数人不会遇到这些特定的情况，所以任何地方都没有关于这个问题的记录。不过，这个人曾经遇到过同样的问题，在花了很长时间之后，他成功解决了问题。他很乐意与我分享他辛苦积累的知识。我因为自己的固执，以为自己能解决这个问题，而浪费了几个星期，这让我有些懊丧，但这次交流促使我与他建立了联系，从那以后，我从他那里学到了很多东西。

即使只是一个专家的意见，也可能比几十个或几百个外行的想法和猜测更有帮助。但如何才能请到真正的专家与你合作呢？

我从两个方面体会过专家的建议：获取和给予。我经常向专家请教，也有成千上万的人向我请教。接下来我会分享一下我在寻找专家，以及与专家合作方面的心得体会。

让专家站在你这一边

很多人不愿意向专家寻求帮助，要么是因为他们没有把这当成一个选项，要么是因为他们害怕自己会惹人讨厌。有时，如果我们认识要请教的那位专家，我们会为自己提出的问题而感到尴尬——这样一来，他们岂不是会发现，我们知道的东西原来很有限啊！

如果你有这样的顾虑，你首先要明白的一点是，专家喜欢分享他们所学到的知识，因为他们知道这些知识会带来改变。帮助他人实现目标，也会让自己的生活和工作变得更有意义。想理解这一点，你可以想想自己的经历，比如曾经有人向你寻求帮助，而你在自己擅长的事情上确实帮了他们的忙。你当时感觉如何？对大多数人来说，分享专业知识的感觉非常好。我们喜欢运用自己的能力，也喜欢因为拥有这种能力而获得他人的认可。

不过，专家们并不会对所有的求助一视同仁。有些请求就让人感觉不那么好。通常，这些请求都是"告诉我应该怎么做"这一类的。提出这些请求的人，往往没有提前做任何的前期研究，他们只是想利用你，让你帮他们做决策。我每年都会收到成百上千个这样的请求。这些人都希望我能为他们解决问题。他们往往会一口气寄来 20 多页想法，然后问我："我该怎么办？"①

请记住：咨询专家的目的不是让他们告诉你该怎么做，而是了解专家是如何思考问题的，看看他们认为哪些变量与问题密切相关，以及这些变量如何随着时间的推移相互作用。如果你提出一个问题，专家就告诉了你该怎么做，那么，他们只是给了你经过浓缩加工的知识。你获得的答案可能是对

---

① 请注意，这样做是行不通的。如果你不能提供价值，也不能简明扼要地用几句话表达清楚自己的观点，别人是不会阅读你的长篇大论的。

的，但你什么也没学到。在此基础上，如果事情出了差错（这往往不可避免），你也不知道原因何在。你就是一个伪装成大厨的普通厨师而已。反过来，如果你问专家他们对这个问题是怎么思考的，就说明此时你已经开始加深对问题的理解了。

因此，让我们一起讨论一下，如何能让你的请求与众不同，让你更容易接近专家，并让他们乐于帮助你。以下是五条建议。

- **展示你的投入**：当你联系专家时，要让他们知道你在这个问题上已经投入了一定的时间、精力和金钱。让他们知道你已经做了前期工作，而此时你卡住了。根据我的经验，如果我看到有人在向我咨询时，表明他们为了解决问题已经投入了很多，并表明他们已经做了前期研究，而且围绕我能帮助解决的非常具体的问题精心做了说明，我就会很开心地立即着手做出回应。相比之下，如果对方在邮件中说："嘿，沙恩，你觉得这个投资机会怎么样？"你觉得我更愿意回应哪一个人的咨询？

- **明确你的提问**：明确你要的是什么。你是想让专家审阅你的计划并提供反馈，还是想让专家把你介绍给能解决问题的人？无论你想要什么，措辞都要明确。

- **尊重专家的时间和精力**：要明确向对方表示，他是你要联系的专家，你尊重他，感激他为此付出的时间和精力，这样就更有可能赢得对方的好感。例如，不要要求对方给你15分钟时间向他讨教，而应该询问对方是否提供一次性的咨询服务，以及他的收费标准。专家的咨询费用往往都很高，但大多数情况下贵有贵的道理。如果你知道自己需要为某项服务支付每小时1000至2000美元的费用，这会迫使你在拨打电话之前明确自己的需求。为别人的时间付费，不仅是对他们所带给你的价值的回馈，而且会迫使你确保自己不会在电话中喋喋不休，浪费双方的时间。

⦿ **询问专家的理由并倾听**：如前所述，不要只问专家他们有什么看法，还要问他们是怎么思考的。将专家作为训练自己如何对事物进行评估的优质资源，这样你就能慢慢地学会用专家的方式工作。你不必认同他们说的每句话，但要记住，你的目标是向他们学习如何更好地思考，而不是让他们替你解决问题。

⦿ **跟进**：如果你想建立一个人际关系网，而不仅仅是进行一次交易，那么无论结果如何，都要跟进报告你的进展情况。无论专家的建议这一次是否对你有帮助，跟进并让对方了解你的最新进展，都会让他们在未来更愿意帮助你。当专家看到你认真对待他们的建议时，他们会愿意再次帮助你。

当然，大多数专家不可能对每个请求其帮助的人都做出回应。如果在需要他们帮助之前，你就与专家建立了私人关系，你之后的咨询就会容易得多。这样，提出咨询请求就不是纯粹的交易了。我们无法预测自己未来会需要哪些领域的专家帮助，但也正因如此，在进行社交的时候，以及在某些专业领域，我们都要"广撒网"。上周，我刚查看了一下我的电子邮件收件箱，里面有 53 个这样或那样的"帮助"请求，其中两个来自我的朋友，我无法一一回复，那么，你认为我会回复谁的请求呢？

专家 vs 模仿者

获取高度专业信息需要得到货真价实的专家的帮助。但是，有很多自称专家（或别人所称的专家）的人其实只是金玉其外。

保障措施：花些时间辨别哪些人是真专家，而哪些人是假专家。并不是自称专家的人就真的是专家。你要花点儿时间了解李逵和李鬼的区别。

想想那些借鉴了巴菲特很多言论的理财经理们。听起来，他们讲话也头头是道，有点像巴菲特，但他们并不知道如何像巴菲特那样投资。他们只是模仿者。查理·芒格曾如此评论这一现象："哪些人是优秀的理财经理，哪些人只是在模仿巴菲特，真的很难分辨。"

但如果你自己并不是专家，该怎么办？该如何区分真专家和假专家？

专家通常对自己的专业领域充满热情。正因如此，他们才在这一领域出类拔萃。他们经常利用业余时间精进自己的知识和技能，这一点也很容易看出来。假专家则不太在意自己是否真的优秀，而更在意自己是否看起来优秀。这种想法很容易让他们自我表现得很优越。

你可以从以下这些方面鉴别真假专家。

⊙ **假专家回答不了更深层次的问题。**很多具体的知识只能从实践中获得，在书本上学不到，因此假专家即便能夸夸其谈，也往往并不能完全理解自己说的是什么。[①] 他们的知识很浅薄。因此，当你问及细节、第一原理或非标准情况时，他们往往无法提供很好的答案。

⊙ **假专家往往不会调整用词，表达起来比较生硬。**他们只能

---

① 这是著名股权众筹平台 AngelList 的联合创始人兼 CEO 纳瓦尔·拉维康特（Naval Ravikant）引用过的一句话："具体知识无法教授，但可以学到。"

鹦鹉学舌，解释起问题来往往会用很多专业术语。因为他们并不完全理解这些术语背后的思想，所以他们在谈论这些思想时无法调整表达方式，不能更清楚地向听众表达这些思想。

⊙ **如果你对他说你没听明白，假专家会很受挫。**这种挫败感源于他们过于关注专业知识的表象——如果他们必须深入浅出地解释，可能就无法维持这种表象。真正的专家通过自己的努力掌握了专业知识，并乐于分享这些知识。他们不会因为你不理解而沮丧，相反，看到你对他们关心的事物展现出真正的好奇心，他们会更高兴。

⊙ **真专家会告诉你，他们此前经历过哪些失败。**他们明白并接受，某种形式的失败往往是学习过程的一部分。然而，假专家则不太可能承认错误，因为他们害怕这会玷污他们试图塑造的自我形象。

⊙ **假专家不愿意承认，也认识不到自己专业知识的局限性。**真正的专家知道自己知道什么，也知道自己不知道什么，他们知道自己对事物的理解是有边界的，而当他们接近自己能力范围的边界时，他们会坦诚地告诉你。但假专家却不能。他们根本就无法分辨自己何时已经越界，进入了自己不了解的领域。

区分真专家和假专家，还有最后一点需要注意：许多人不会通过阅读原创研究或听专家讲几小时的课来了解一个主题，而会通过阅读一些具备高度传播性的材料来了解这个主题。你可以想一想阅读一篇学术文章和阅读报纸上的相关文章之间的区别。虽然知识普及者比外行人知道得更多，但他们本身往往并不是专家。他们的特长是以清晰的、容易记忆的方式传播观点。因此，知识普及者和科普作者常常被误认为专家。在寻找专家时，请记住这一点：真正具有专长的人往往不是那些使该主题大众化的人。

放手去做！

本书读到此处，想必你已经考虑了各个选项。你已经评估了这些选项，找到了最佳方案。是时候采取行动了！

知道应该做什么但却不去做，是没有意义的。想要得到结果，就需要采取行动。

做出判断并付诸行动，比看起来容易，但比别人想象中难。许多人迟迟不愿采取行动的一个原因是害怕承担后果。此时，与其说我们不知道该怎么做，不如说我们不想面对现实。我们不想与人对话，因为对话可能会伤害别人的感情；我们不想解雇喜欢的人，即使知道他们不适合这份工作。

我们的自我与社会默认值和惯性默认值合谋，削弱了我们的决心，使我们无法去做那些需要做的事情。但这并不是我们不采取行动的唯一原因。

另一个重要原因是我们害怕犯错。在这种情况下，当我们收集的信息越来越多时，惯性会束缚我们，让我们误以为自己最终可以通过足量的信息消除不确定性。

有三条原则可以帮助你知道什么时候应该停止瞻前顾后并开始行动。但首先，让我们讨论一下对决策进行分类的一种有帮助的方法——考虑决策的后果性和可逆性。

后果性和可逆性

后果性决策会影响那些最重要的事情：你和谁结婚、住在哪里、创办了哪家公司。一个决策对你人生最重要的事情影响越大——无论是短期还是长期影响——它的后果性就越大。

可逆性决策可以通过以后的行动来撤销。撤销一个决策时，做起来越困难或代价越高，这个决策的可逆性就越小。吃一块巧克力很容易，但一旦吃了就是吃了，这个行为无法撤销。生孩子也一样。一旦生了孩子，这个行为也无法撤销。（你也不想撤销！）另一个极端是，某些决策不需要付出任何代价就可以撤销。比如，我在决定注册某款软件为期14天的免费试用版时，心里就很清楚，这一决策很容易撤销。

我们可以用一张图来表示不同类型决策的后果性和可逆性（见图4-2）。在这些决策中，有两类情况需要特别关注：一类是后果严重且不可逆的决策，另一类是后果不严重且可逆程度高的决策。

当一个决策后果严重且不可逆时，它的影响可能会波及你的一生，而且无法阻止。有人称这类决策为"第一枚多米诺骨牌"。

当决策像多米诺骨牌一样时，出错的代价非常高昂。而后果不严重、可逆程度高的决策则恰恰相反。这时，犯错的代价很低——如果你不喜欢结果，就可以扭转它。在这种情况下，最大的错误则是浪费了时间和精力。如果你可以收回一些东西，或者这些东西并不重要，继续收集相关信息就会白白消耗资源。一些不同类型决策的特点如图 4-2 所示。

如果你网购过床垫，就会明白我的意思。你会花上几小

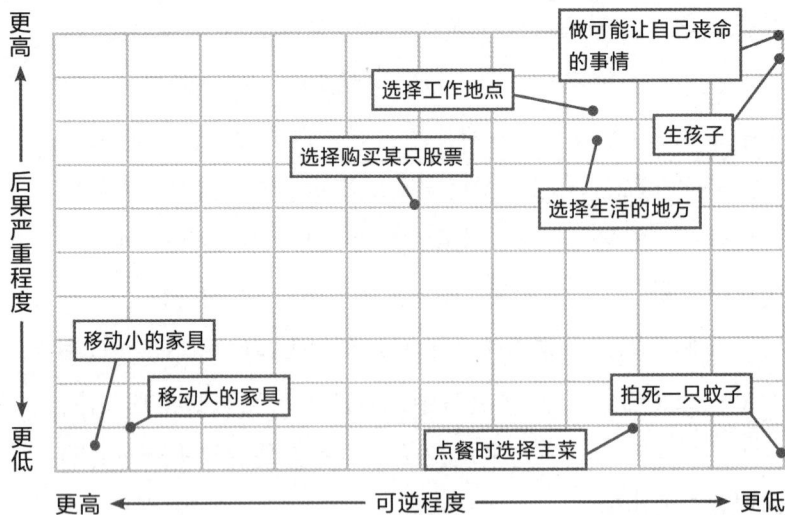

图 4-2 不同类型的决策

时甚至几天的时间来查看床垫、阅读评论、比较价格，并考虑自己睡觉时喜欢凉爽一些还是温暖一些。最终，你选定了床垫，让人送货上门，却发现它并不是你梦寐以求的那种。于是，你赶紧换了一个，把它换成了你的备选床垫。此时，你会意识到，如果商店有灵活的退换货政策，还不如只花一两个小时选一款床垫，然后下单，等发现不合适再调换，这样反而可以为自己节省数小时甚至几天的时间。因此，如果犯错的代价很低，那就赶快行动吧。

行动的三个原则

既然我们已经有了一种按照后果的严重程度和可逆性对决策进行分类的方法，接下来让我们谈一谈相关的原则。以下是第一个原则。

尽快原则：如果撤销决策的成本很低，就尽快做出决策。

事实上，如果某件事过于无关紧要，那么为之做任何决策都可能是一种浪费。只需要立刻做出选择即可。快速决定，边做边学。如此一来，你将节省时间、精力和资源，将其用于真正重要的决策。

而如果一个决策后果重大且不可逆转，它的代价就很高。

在这种情况下，最大的风险就是行动过快，并在做出决策前错过了一些重要的东西。在做出此类决策之前，你要尽可能多地收集信息。因此，第二个原则如下。

尽量延后原则：如果撤销决策的成本很高，那就尽可能晚地做出决策。

切记，在做决策时也要考虑到分析成本。这是很多人未曾想过的。大多数决策都涉及在速度和准确性之间进行平衡。如果在小的决策上速度太慢，无论你多么准确，都会浪费时间和精力。而如果你的决策速度太快，则会错过关键信息、做出错误假设、忽略基本要素，并匆忙做出判断，而且往往会瞄准错误的问题去解决。然而，当手头事务繁杂时，即使此时速战速决很重要，你也需要放慢速度，哪怕只是放慢一点点。

畅销书作家迈克尔·刘易斯（Michael Lewis）在《思维的发现：关于决策与判断的科学》（*The Undoing Project: A Friendship that Changed Our Minds*）一书中举了一个例子，讲述了一位女士迎面撞上另一辆车的故事。医护人员紧急将她送往新宁医院（Sunnybrook Hospital），该医院紧邻加拿大最繁忙的高速公路。新宁医院在治疗车祸造成的急症和创伤方面享有盛誉，然而这名女士身上的骨折太多，医生在紧急处理时漏掉了几处。唐纳德·雷德尔迈耶（Donald Redelmeier）是新宁医院的流行病学家。他的工作是"检查专家们的理解是否有误差"。换言之，他的任务是检查其他人的思路。雷德尔迈耶说："哪里有不确定性，哪里就会有判断；而哪里有判断，哪里就会有人类犯错的机会。"没错，医生都是专家，但他们也是人，仍然会犯错，而且在实际工作中让情况变得更复杂的是，病人经常会给医生提供不可靠的信息。

当事情急迫，需要做出生死攸关的决策时，我们往往只能看到我们接受过的专门训练让我们学会看到的东西，而忽略其他相关的东西。在这个病例中，这名女士除了骨折还出现了另一个问题：心跳极不规律。在她失去意识之前，她提到自己有甲状腺功能亢进的病史，而这往往是导致心律不齐的典型原因。

雷德尔迈耶进来时，照顾伤者的医疗小组正准备给她注射治疗甲状腺功能亢进的药物："（他）要求大家慢下来。再等一下。就一会儿。这样做只是为了检查一下医生们的思路，确保他们没有试图把事实强行塞进一个简单、连贯但最终错误的叙事里。"

他想让医生们慢下来，因为他们在没有考虑其他原因的情况下就得出了一个看似合理的结论。后来回顾此事时，他说："甲状腺功能亢进症确实是导致心律不齐的典型原因，但同时，它也是导致心律不齐的较不常见的原因。"虽然这种病看似与心律不齐有关联，但可能性不大——有可能，但可能性较低。

听了他的分析，医护人员开始寻找其他原因，并很快确定这位女士出现了肺萎陷。"她的几根肋骨骨折，伴有肺萎陷，这些在 X 光片上都没有显示出来。但和肋骨骨折不同的是，肺萎陷可能会要了她的命。"此时医生们判断她的问题不是出自甲状腺，而是肺萎陷。通过治疗，她的心跳恢复了正常。第二天，她的甲状腺正式检查结果出来了，一切正常。正如雷德尔迈耶所言："当一个简单的诊断突然出现在你的脑海中，并一下子完美地解释了一切时，你需要格外小心。这时，你需要及时停下来，检查一下自己的思路。"

当事关重大、没有退路的时候，你准备在最后一刻做出决策，此刻，在继续收集信息的同时，你要尽可能多地保留各个选项。

在学习驾驶时你会学到，当你在高速公路上高速行驶时，你需要在自己和前车之间留出足够长的车距，以防有人突然拐入你的车道或前车突然刹车。保持更长的车距，可以让你在突发情况下保有选择的余地。这与你在做出重大决策时应该尽可能多等一等有着同样的理由。你要给未来的自己留出尽可能多的选项，这样，一旦情况有变，你就有足够大的回旋余地，可以沿着机会最大的道路重新给自己定位。

那么，你如何才能知道何时确实该采取行动呢？

当失败的代价很小时，做出决策并采取行动的速度与决策本身同样重要；而当失败的代价高昂时，在采取行动之前多了解些东西就是有意义的。

如果不加以抵抗，你的默认值就会拿谨慎行事当借口，总是拒绝采取行动。任何在濒临失败的工作、人际关系或投资上坚持太久的人都知道，信息收集的过程会达到一个边际收益递减点——在某些时候，获取更多信息的成本会超过因为失去时间或机会而付出的成本（见图4-3）。

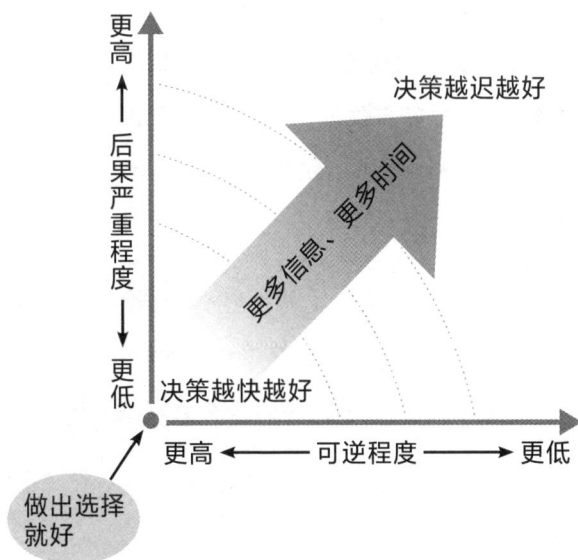

图 4-3　如何做出决策

我有个朋友，他的同事都是工程师。他对我说，这些工程师都倾向于高度规避风险：他们在做决策时总是尽可能地等待更长的时间，而且不知道什么时候应该更快地采取行动。他说："他们总是认为收集更多的数据会让事情变得更可靠，即便他们已经在原型设计和收集信息方面花费了几个月的时间。他们不知道什么时候该结束准备工作，投入实际行动。他们甚至会开始对解决问题失去兴趣，因为他们所做的一切，是不断地开会、协调、收集信息，然后写一份巨型的报告，说明他们是如何做出决策的。他们都知道基本的决策技巧，但他们真的、真的很难搞清楚准备到什么时候才算是够了。"其实，存在类似问题的不仅仅是工程师。

现如今，广大的决策者们越来越容易患上"分析瘫痪症"，因为他们掌握了太多的数据。如果你也曾因"分析瘫痪症"而苦恼，第三个原则就可以帮助你明白什么时候应该停止思前想后并开始行动。

停止、首次丧失机会、了解原则：当你停止收集有用的信息、首次丧失机会，或者你了解了一些事情，从而明白应该选择什么方案时，此时就应停止收集更多信息并执行决策。

让我们逐一讨论"停止""首次丧失机会"和"了解"这三个条件。

首先，当你已经停止收集有用的信息时，就是采取行动的时候了。信息并不总是越多越好，有些迹象可以告诉你，你已经收集了足够多的信息。例如，当我采访"普林斯顿评论"（*The Princeton Review*）的共同创始人亚当·鲁宾逊（Adam Robinson）时，他告诉我一位名叫保罗·斯洛维奇（Paul Slovic）的心理学家早在 1974 年就做过一项开创性的研究，说明了收集过多信息的愚蠢之处。

斯洛维奇让 8 位赛马预测师待在同一个房间里，告诉他们，他想看看他们在 4 轮各 10 场的比赛中，能否准确预测总共 40 场赛马比赛的获胜者的表现。在第一轮，每位预测师可以得到自己想要的关于每匹马的 5 条信息。某位预测师可能想知道骑手的身高和体重；另一位预测师可能想了解一匹马曾经获得的最好成绩。预测师还必须说明他们对自己的预测结果有多大的信心。

第一轮比赛结束时，仅凭 5 条信息，他们的预测准确率为 17%。考虑到一场比赛有 10 匹马，他们的准确率比没有得知任何信息情况下的 10% 高。他们预计自己的准确率是 19%，这与实际结果相差无几。

此后，每轮比赛都会为他们提供越来越多的信息。第二轮给了他们 10 条信息，第三轮给了 20 条，第四轮也就是最后一轮给了 40 条。

在最后一轮，他们的准确率仍然只有 17%。不过，增加的 35 条信息确实将他们的信心水平提高到了 34%。所有额外的信息并没有使他们的准确率提高，但却大大提升了他们的信心。

看来，信心比准确率增长得更快。鲁宾逊告诉我："信息过多的麻烦在于，你无法用它们进行理性思考。"多余的信息只会助长偏见。我们会忽略与我们的评估结论不一致的其他信息，而会从与我们的评估结论一致的信息中获得信心。

根据我和与我共事过的人的生活经验，下面这些迹象，表明你所能收集到的有用信息已经达到了极限。

- 你能够从各个角度对你正在考虑的选项进行可靠的正反论证。
- 你开始向对问题不甚了解的人或没有解决此类问题经验的人征求意见。
- 你觉得自己需要学更多的东西，但却停止了对新知识的学习，而开始不断重复相同的信息（或相同的论点）。

如果你遇到了上述这些问题，就说明你可能已经得到了所有有用的信息，是时候做出决策了。以上是有关"停止"的一些建议。接下来让我们谈谈"首次丧失机会"的时机。

如果你正面临着一个后果严重、不可逆转的决策，而你却在尽可能长地拖延时间，等待下定决心，那么，你做出决策的那一刻，就是你开始丧失机会的那一刻。例如，如果你要卖房子，你可能想等待尽可能长的时间再真正卖掉它。你会把房子挂出去、定价、获得报价，但当买家开始离开，或者你即将违反法律合同时，你就会开始失去选择的机会，这时就是采取行动的时刻。

同样地，假设你的伴侣想让你们的关系更进一步，这是你们关系中的决定性时刻。如果你还不确定，慢慢地做出决策也是有道理的，但最终，你的伴侣可能会因为受不了你的拖延而离开。在此之前，当你的伴侣明确表示你即将失去选择的机会时，你就该当机立断地做出决策了。

记住，"尽量延后原则"背后的原理是保留可选性。而当选项开始减少时，就该利用你所掌握的信息采取行动了。这就是"首次丧失机会"的含义：如果你在等待做出决策，等待的时间不能长于失去第一次机会的时间。

在你了解了一些信息，清楚地知道自己该做什么之后，就终于到了采取行动的时刻。有时，你收集到的关键信息会让你很容易做出决策，这也许就是"首次丧失机会"的时刻。其他时候，尤其是在人际关系等情况比较模糊的时候，你可能只有一种挥之不去、不会改变的直觉。无论哪种情况，总有那么一刻，你在内心深处其实已经知道该做什么了。

但仅仅知道该做什么是不够的，你必须采取行动。

那就行动吧！

安全系数

你并不总是需要拥有终极解决方案才能继续前进。如果你仍然不清楚哪条路是最好的，下一步最好的办法往往就是排除那些会导致你不想要的结果的方案。避免最坏的结果可以保留可选性，让你继续前进。

有时，事情会因为我们无法掌控的原因而失败。然而，很多棘手的、影响重大的决策之所以失败，起因都是一些可以预防的原因。如果我们不考虑事情可能出错的原因并提前做好计划，当事情真的出错时，我们就会束手无策。到那时，我们往往只能凭直觉做出反应，而不是进行理性思考。在有条件保持冷静并怀有开放心态的时候，应该提前为可能出错的事情做好计划，这比等到事情开始出错再匆忙做出反应要好多了。

当失败代价高昂时，就值得留出大量的安全系数。

如果你是一位投资者，你可能听说过美国长期资本管理公司（Long-Term Capital Management，LTCM）的故事，这是一家对冲基金，由一位著名的投资者于1994年创立，他设法让两位诺贝尔奖获得者加入了董事会。美国长期资本管理公司拥有高风险的投资组合，因其惊人的回报率而备受赞誉——第一年的回报率超过21%，第二年为43%，第三年为41%。

你可以想象一下在这种环境中当一名投资者的感受。你看到这家对冲基金正在腾飞，你的朋友们正在夸耀他们的成功，并敦促你加入这场盛宴。他们告诉你，在这里工作的都是了不起的人，他们的智商高得令人难以置信，其中还包括两位诺贝尔奖获得者，他们在各自的领域也很有经验，还把自己的大量资金也投了进去。

你眼睁睁看着朋友们的投资翻了一番，又翻了两番。你开始考虑自己是否也应该把所有的钱都投进去。你自己的投资组合每年的回报率为8%至12%——这个回报率不错，但离40%可差得远呢！难道全世界的人都在发财，只有你在稳妥行事吗？

现在来考虑以下两种情况。第一种情况是，你决定跟随你的朋友，将你的所有资金都投入该基金。几个月后，亚洲和俄罗斯遭遇了金融危机。这场危机加上美国长期资本管理公司的高杠杆投资，使其在不到四个月的时间里损失了46亿美元。图4-4展示了如果你从1994年一开始就投资1000美元，损失会是什么样的。在这种情况下，你（和你的朋友）最终会陷入财务困境。

现在设想一种不同的情况。现在是 1997 年 11 月。你正好赶上美国长期资本管理公司的收益峰值。如果你预计未来会与过去不同，你大概无法承担天文数字的损失，可能会进行少量投资。但如果你足够明智的话，你会保留一定的安全系数。

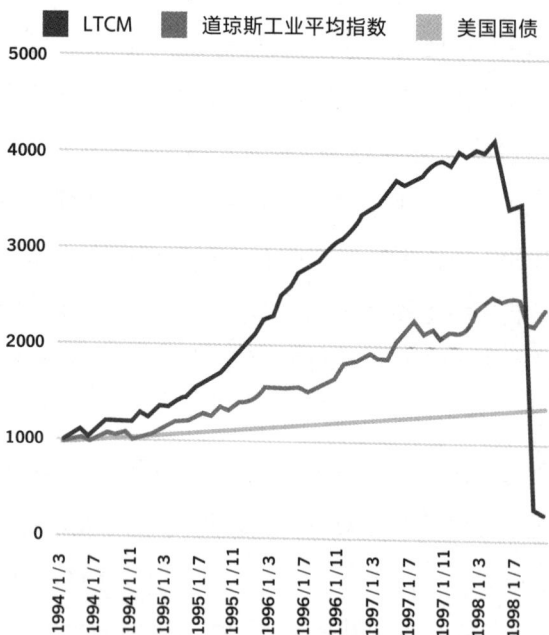

图 4-4 1000 美元的投资变化情况

（图片来源：Jay Henry, Wikimedia Commons, October 26, 2009）

　　安全系数是你预期发生的事情和可能发生的事情之间的缓冲，设定它的目的是在发生代价高昂的意外时救你一命。

　　设定安全系数就像购买保险。如果你事先知道今年没有任何事情需要索赔，那么买保险确实是浪费钱。问题是，你事先不可能知道哪一年需要索赔，所以你每年都得买保险。在不出事的年份，买保险似乎是浪费钱，但在出事的年份，保险就会展现出真正的价值。

　　建立安全系数意味着在未来给自己提供尽可能多的缓冲和保障。这是让自己为未来可能出现的各种结果做好准备的一种方式，也是保护自己免受最坏结果影响的一种方式。例如，在第二种情况下，你可以只将投资组合中 10% 的资金投入该基金，为 1998 年可能出现的各种糟糕结果做好准备。这样，当 1998 年金融危机来临时，你最多只会损失 10% 的资金。面对这个结果，你肯定不会高兴，但这样做至少也不会让你的财务毁于一旦。

　　在第一种情况下，你的默认值在发挥作用 —— 不仅有社会默认值（它让你相信"随大流"会更好），而且还有自我默认值。你的自我默认值让你相信，你不需要安全系数，因为你知道未来会发生什么。你有信心预测未来 —— 预测未来会像过去一样，预测美国长期资本管理公司的第四年会像前三年一样。问题是，明天永远不会和今天一模一样，到了第四年，美国长期资本管理公司在前三年取得成功的计划就不再奏效了。

　　在第二种情况下，你的决策不是基于预测的，而是在未雨绸缪，为未来做好准备，因为在未来，你不一定能实现自己的最佳方案。在第二种情况下，正是这种准备的心态——而不是预测的心态——能够拯救你。

　　沃伦·巴菲特有一句话我经常回味："分散投资是对无知的保护。如果你知道自己在做什么，分散投资就没有什么意义。"问题是，大多数人很少知道自己在做什么，也很少有信心全力以赴。当你不完全清楚自己在做什么时，建立安全系数能让你避免最坏的结果。即使你知道自己在做什么，而且当初你也做出了最好的决策，事情也可能会发生变化。

　　如果最坏的结果永远不会出现，建立安全系数就会显得很浪费。可是，当你说服自己没有安全系数也能做得更好时，正是你最需要安全系数的时候。

　　我们永远不可能做好万全的准备。有些可怕的事件会超乎我们的想象，再多的准备也无法让我们有足够多的选项来应对它们。然而，我们可以从历史中了解到，有些不幸事件是躲不开的，但我们总能为之做一些准备。在个人层面上，这类事件包括：

◉ 失去亲人的悲痛；

◉ 健康问题；

- 人际关系的变化；

- 财务压力；

- 实现职业目标的挑战。

在更宏观的层面上，这类事件包括：

- 战争和政治动荡；

- 自然灾害；

- 环境和生态变化；

- 经济波动，即崩溃或增长；

- 技术进步和对技术进步的抵制。

如何建立安全系数?

让我们从一个非常典型的应用开始。工程师在设计任何东西时都会考虑到安全系数。例如，假设我们正在设计一座桥梁，并计算出它平均每天需要在任一时刻承受 5000 吨的重量。

如果我们建造的桥梁能承重 5001 吨，就相当于没有安全系数：如果某天交通流量比平时大怎么办？ 如果我们的计算和估算存在偏差怎么办？ 如果随着时间的推移，材料的老化速度比我们想象中要快怎么办？ 为了考虑到所有这些意外情况，我们需要将桥梁设计成能够承受一万吨甚至两万吨的重量。为什么呢？因为我们不知道未来会发生什么。我们不知道是否会有多辆卡车同时堵在桥上，也不知道未来的汽车是否会比现在的重得多。我们对未来的很多事情都一无所知。因此，在设计桥梁时要考虑到未来可能发生的各种情况，以保证过桥人员的安全。

在为未来做准备时，请记住，历史上那些糟糕的事情发生时，总是让当时的人毫无防备、大吃一惊。你不能将历史上最坏的情况作为你的基准线，比如，工程师不能仅仅参考现有桥梁在历史上的使用情况。你必须真正发挥想象力，探索并预测可能出现的问题。

以下是一个简单的启发式方法，可以用来创建安全系数，让你知道什么时候"够了"。

提示：当安全系数能够承受双倍的最坏情况时，通常就足够了。因此，安全系数的基准线是能够承受可能导致危机的问题数量的两倍，或维持在危机后重建所需的资源数量的两倍。

举例来说，如果你想在失业后仍然有经济上的安全感，你可以估算一下重新找到工作需要多长时间，然后存够双倍于这段时间生活所需的钱。

　　这就是我们的基准线。但我们需要根据个人和具体的情况调整安全系数。如果失败的代价很高，后果也更严重，你就需要更大的安全系数。例如，如果你担心失业，而你所处的行业或经济情况很不稳定，你就会想要延长在失业期间可以养活自己的时间。

　　如果失败的代价较低，后果的影响较小，你往往可以降低甚至不设定安全系数。存在时间越长、表现越好的事物，其成功模式持续下去的可能性就越大。比如，可口可乐公司在短期内不会消失，强生公司也不会。

　　然而，既定的模式也不是万无一失的。纳西姆·塔勒布在《黑天鹅》（*The Black Swan*）一书中写道："想象一只每天都有人喂食的火鸡。每一次喂食都会让这只火鸡更加坚信，每天都有友好的人类给它喂食，这是它从生活中总结的一般规律。在感恩节前的星期三下午，火鸡会遇到一些意想不到的事情。此时它的信念会发生彻底的改变。"我们遭遇的结果有时甚至会颠覆我们最确定无疑的期望。

　　然而，如果你拥有大量的专业知识和数据，你就可以进一步降低你的安全系数。这里有一个例子：沃伦·巴菲特投资时的目标是购买比其真实价值低30%—50%的股票。因此，他的股票安全系数为30%—50%。但是，有些价格接近一美元的低价股，如果对其非常了解，他也会购买。因此，对他最有信心的那些股票，他可能只有 20% 的安全系数。

巴菲特在购买股票时，选择企业的核心原则之一是，如果不了解其业务，就不买它的股票。换句话说，如果他没有足够多的信息来计算安全系数，他就根本不会在这里投资。他也知道，并不是所有的安全系数都能保护他——目标并不是让他买的每只股票都达到完美的安全系数，而是从大局出发，对他持有的所有股票采用尽可能好的策略。

不管怎么说，我们的底线是要记住：预测未来比看起来更难。事情在开始变坏之前都是美好的。如果一切顺利，设定安全系数似乎是一种浪费，但当事情出错时，你就不能没有它。你开始认为自己不需要安全系数的时候，恰恰是你最需要它的时候。

子弹先于炮弹

如果你还在收集信息，就不要只对一个选项过度投入。在把所有精力都投入一个选项之前，尽可能多地采取一些低风险的小措施，让你未来的选项保持开放。

在收集关于你的选项的信息时，最好的办法是尽可能多地针对每个选项收集信息，而不要在任何一个选项上投入过多的时间、金钱或精力。莫滕·汉森（Morten Hansen）和吉姆·柯林斯在《选择卓越》(*Great by Choice*)一书中称这种方法为"先'子弹'，后'炮弹'"。

想象一下，你正在海上，一艘敌船向你冲撞过来。你只有数量有限的火药。你把所有火药放在一起，发射出一颗巨大的炮弹。炮弹越过海面……但偏离40度，没有击中目标。你寻找储备火药，但发现已经全部用光了。结果，你死掉了。

假设在敌船向你冲来时，你只是用了一丁点儿火药，发射了一枚子弹。这枚子弹同样是偏离40度，未击中目标。你又上膛了一颗子弹，并再次发射。这次偏离30度。你上膛第三颗子弹并发射，这次仅偏离10度。再下一颗子弹，击中了正在向你驶来的敌船的船体。现在，你将所有剩余的火药放在一起，然后沿着刚才的瞄准线，向敌船发射这枚大的炮弹并致敌船沉没。结果，你活了下来。[1]

再讲一个我在现实生活中亲眼看到的"先子弹，后炮弹"的例子。我的一位客户——我们姑且叫他所罗门吧——想雇一个人来经营他的制造业务，这样他就可以退居二线，寻找其他机会。他曾两次试图选择一位CEO来接替自己。但每一次，虽然候选人的简历看起来都很不错，但他们实际工作起来却不尽如人意。

---

[1] 此处引用中信出版社2012年版译文，译者陈召强。——编者注

　　我给他的建议是，与其在一个候选人身上投入大量精力而拒绝其他候选人，不如让两三个候选人执行一个为期几周的小型测试项目。这些同时进行的小型测试可以让他保有可选性，而且观察候选人在实际工作中的表现要比面试他们或阅读他们的简历更容易看清楚他们的品质。

　　他选了两名候选人，给两人的报酬很高，他们的任务是与团队合作，理解问题、收集信息并制定前进路线。

　　这个计划奏效了，而且产生了一个令人惊讶的结果：简历不那么出众的那个候选人在团队中的表现非常出色，他提出的建议最终为所罗门的公司节省的费用比公司为这个测试项目支付的费用都高出很多。更重要的是，如果两个候选人的表现都不令人满意，公司也不会承担昂贵的退出成本。

　　对各个选项进行小规模、低风险的试验，和先发射子弹进行校准，等确定后再投入大量资源发射炮弹的例子是一样的——这样可以保持选择的开放性。你想上医学院吗？可以跟随医生或住院医生在医院待一天试试。也可以参加一次医学院入学考试，看看你能考多少分，或者向不同的学院提交申请，看看你能被哪里录取。你在考虑新的职业吗？先尝试每周做几个晚上的自由职业吧。你在考虑推出新产品吗？在生产之前，可以先看看人们是否愿意为它买单。

　　保留选项是要付出代价的，这可能会让你觉得自己错过了一些机会。有时，看着别人已经着手采取行动会让你心痒难耐，即便这些行动对你来说毫无意义。要我说，别被短期的解决方案骗了！这是社会默认值在发挥作用。只要你是人群中的一员，社会默认值就会让你觉得失败没什么大不了。

有些人喜欢"随大流"，而有些人则更喜欢保持正确。保留可选性会让你在短期看起来有些愚蠢，它意味着你必须时不时地忍受别人把你当傻瓜看待。但是，如果你看看那些世界上最成功的人就会发现，他们都曾多次在短期内显得有些愚蠢，而当时他们都在为自己保留各个选项，等待合适的时机采取行动。

沃伦·巴菲特在20世纪90年代末的"网络热"的大部分时间里都置身事外，看起来他错过了随之而来的大牛市。人们开始议论纷纷，说他失去了感觉。在一些投机者看来，他可能有几年表现得比较愚蠢。然而，当科技股泡沫破灭的时候，人们才发现，他仍然拥有巨额现金储备。

在公开决策之前，先沉淀一段时间

你是否曾经花时间精心写下一封邮件，但在点击"发送"按钮的一刹那就后悔了？我就有过这样的经历。这是世界上最糟糕的感觉之一。不过，比这种感觉更糟糕的是，过早公开一个重大决策，然后才意识到这个决策是错误的。

很多领导者都想在做出决策的那一刻就将它公之于众。这是很自然的：领导者想向别人展示自己是多么果断，让其他人都陶醉于自己耀眼的新事业。但是，立即公开的行为就像一封无法撤回的电子邮件，它让事情开始运转起来，也让你更难改变主意。因此，我为自己制定了一条规则：在做出重大决策后，我会先睡一觉，然后再考虑是否把它告诉别人。[①]

然而，事实证明，仅仅先"睡一觉"好像还不够。于是我在规则中加了一个元素：在睡觉前，我会给自己写一张纸条，解释我为什么要做这个决策。这样做可以让我把看不见的东西变成看得见的。第二天早上醒来，我会读一下那张纸条。尽管我常常不愿意承认这一点，但事实是，前一天看起来还好得不得了的想法，在第二天清晨耀眼的阳光下，却经不起进一步的审视。有时我会意识到，此前我对问题的理解并不像自己以为的那样透彻。其他时候，我只是感觉有什么不对劲。我逐渐认识到，这种感觉很重要，值得去探索一下。

在公开决策之前先沉淀一下，可以让你从一个新的角度来看待这个决策，并验证你的假设。一旦你做出了决策——即使你还没有把它说出来——你也会开始从一个新的角度看

---

① 我从与兰德尔·斯图特曼的一次谈话中听到了"让你的决策沉淀一段时间"这个说法，而且本书中的很多内容也都是他教给我的。

待问题。[①] 你的大脑会开始处理这个决策的所有潜在结果，就好像决策已经做出并付诸实践了。这往往能帮助你看到此前可能被你忽略的细微差别，而这些细微差别可能会反过来改变你执行决策的方式。也许你要提拔某人，而你担心他是否有能力主持好会议并组织好团队。暂时让这个决策沉淀一段时间，可能会让你想到，可以让他先组织一次会议，看看会发生什么，必要时再重新调整。

另外，拿出一天甚至两天的时间独自面对某个决策，可以让你用自己的情绪来检验它。你从骨子里对这个决策的感觉好吗？你的大脑、你的内心和你的直觉都同意吗？大多数决策都会让你感觉良好，但也有少数不会。如果有一个决策让你感觉不好，就说明有些事情不对劲，在公开该决策之前，你需要深入探究一下。在执行决策之前先不将其公开，你就保留着撤销决策的可能性。

失败保险箱原则

准备一些失败保险箱有助于确保你的决策按计划执行。

想象一下，此刻你站在珠穆朗玛峰上，距离顶峰仅有 50

---

① 正如斯图特曼教我的那样，如果你在房间里来回踱步，好像已经做出了决策那样，你就会开始通过已经做出决策的视角来过滤所有新信息。

米之遥。此时你全身酸痛，头脑已经麻木，感觉无论怎样用力呼吸，氧气都不够用。你已经为登顶训练了许多年，在向导服务和旅费上花了六万美元，同时牺牲了大量与家人和朋友在一起的时间。你已经提前告诉了所有人，今天就是你尝试登顶的日子。你为之奋斗的一切都近在眼前，你已经能清楚地看到自己的目标，成功近在咫尺。但是，你比计划的时间晚了 30 分钟，氧气也越来越少。是掉头返回还是继续前进？

世界上最好的登山向导之一夏尔巴人都知道，在登顶珠穆朗玛峰的过程中，最危险的部分不是到达山顶，而是下山。在为登顶付出了巨大的努力后，即使已经体力不支或氧气即将耗尽，大多数人仍会选择继续向顶峰挺进。然而，他们在登顶时耗费了大量的体力，却忽略了返回时的艰辛。他们沉浸在"登顶狂喜"中，忘记了最重要的事不是登顶，而是平安返回。毕竟，如果你都无法生存下来，就别提获胜的事了。

对我们这些置身事外的人来说（我们很可能也根本没有攀登珠穆朗玛峰的计划），"登顶狂喜"似乎有点荒谬，因为我们认为一个人并不值得为登顶付出生命。但对那些即将站在山顶上的人来说，放弃近在眼前的实现梦想的机会却难上加难。此外，在爬山过程中耗费的巨大精力会给身体造成压力，使人变得不明智——默认值会利用这些情况来颠覆你精心制订的计划，阻止你实现真正的目标。

攀登珠穆朗玛峰就是一个生动的例子，它说明了为什么必须设置失败保险箱，以确保你的决策按计划执行。是不是当氧气耗尽时，才算到了终于该放弃的时候？即使你的其他设备都无法再用了，你也要坚持下去吗？设置失败保险箱可以让你在处于最佳状态时充分利用自己的思考，并且在处于最差状态时保护你免受默认值的影响。

古希腊神话《奥德赛》很好地诠释了设置失败保险箱的思想。在故事中，奥德修斯是一艘船的船长。他正带领船员在靠近女妖塞壬居住的岛屿的海上航行，塞壬会用歌声迷惑航行之人，引诱他们送死。她的歌声非常美妙，会让船员为之疯狂，忍不住去寻找歌声的源头，从而误将船只撞向礁石。

奥德修斯既想保住全体船员的生命，又想听到塞壬的歌声。当然，我并不是说奥德修斯在这里做的决策有多么明智。如果他真的采用我在前文中概述的原则和保障措施，认真地考虑过他的选项，他从一开始就该避开那座岛屿。但这并不是这个故事中我喜欢的部分。我喜欢的部分是，奥德修斯设置了失败保险箱，以确保他的决策能按计划执行。

他用蜂蜡塞住船员的耳朵，这样他们在靠近塞壬的小岛时就听不到她的歌声了。而且，为了防止他自己去改变航向，他让船员们把自己绑在桅杆上，这样，在受到歌声引诱之后，不管他说什么或做什么，都无法影响船员，也无法改变他自己已经做出的决策。他还指示船员，他越是挣扎，越要坚持改变航向，他们就应该把他绑得越紧。

奥德修斯巧妙地设置了失败保险箱，使他既能够听到女妖塞壬的歌声，又能确保船员的安全。当然，失败保险箱在很多其他情况下也是不可或缺的。

三种失败保险箱

你应该了解三种失败保险箱：设置绊线、授权他人做出决策，以及束缚自己的双手。

失败保险箱：设置绊线，提前确定当你遇到特定的、可量化的时间、金额或场景时，你会怎么做。

绊线是某种预先承诺——你预先向自己承诺，当某些条件出现时就采取某种行动。例如，攀登珠穆朗玛峰的团队可能会设置一条绊线，承诺如果在某个时间没有到达某个地点，就放弃登顶。如果团队失败了，他们也会马上返回，不会为此发生任何争执。这样，他们就不用在极度疲劳且缺氧的情况下试图做出决策——他们已经提前做好了决策，并且已经承诺，遇到相应的情况就返回。

其实，通向成功和失败的道路都是有标记的，关键是你要知道去哪里寻找这些标记。旅程本身总是包含着答案。能够被设置为绊线的东西，可以是一些消极迹象，也可以是"缺乏积极迹象"这种迹象。当积极迹象出现时，你就知道要坚持到底。然而，当事情变得越来越模糊不清时，设置绊线的作用就显现出来了。

消极迹象是一面小红旗，它的出现意味着某些事情正在严重偏离正轨。一个人越早发现自己走错了路，就越容易回头。有一天，我在高速公路上想往西开，结果却往东开了起来。直到我发现自己距离反方向的一个城市越来越近时，我才意识到自己开错了方向！但是，你要关注的不仅仅是消极负面迹象，有时候没有积极迹象本身就是一种迹象。

当你没有看到自己预期的积极迹象时，并不一定意味着事情出了问题，但这确实意味着此时是一个值得关注的时刻。尤其是，如果在一段时间内你既看不到消极迹象，又看不到自己期待的积极迹象，你就要小心了，很多项目都是在这个时候失败的，很多决策也都是在这个时候遇到困难的。遇到这种情况，你就需要进行重新评估。问问自己："曾经最重要的事情，目前还是最重要的吗？我错了吗？现在我在时间上更进一步了，但在进度上却没有，要怎样才能实现我的目标呢？"

如果在开始行动之前就设置好明确的绊线，你就能增大成功的概率。让整个团队都清楚地了解成功和失败的标志是什么，这样，每个人都有能力在事情偏离正轨的那一刻采取行动。

失败保险箱：总指挥要赋权给团队成员，让他们能够在没有你在场的情况下做出决策和采取行动。

伟大的领导者都知道，事情并不总是按计划进行的。他们也知道，自己在紧急关头往往分身乏术，不可能同时无处不在。团队需要知道如何在情况发生变化时进行调整，而情况时时刻刻都在变化。

赋予团队足够合理的组织架构来执行任务，同时又有足够高的灵活性来应对不断变化的情况，这就是所谓的"指挥官意图"。这是一个军事术语，最早在试图打败拿破仑的德国军队中流传开来。

如果有一家企业，其员工在任何事情得到老板批准之前都不能采取行动，你就能在这家企业中看到，在缺乏指挥官意图的情况下会发生什么。这样的企业存在一个唯一的失败点：如果老板出了任何问题，该企业及其事业就会失败。

指挥官意图让团队中的每个人都能在执行计划的过程中主动发起行动并随机应变。如此一来，老板就不再是"瓶颈"，团队成员也可以在老板不在场的情况下相互负责，实现目标。

　　指挥官意图包括四个部分：制定、沟通、解释和实施。前两个部分——制定和沟通——是高级指挥官的责任。你必须向团队成员传达战略意图、行动理由和操作限制。不仅要告诉他们该做什么，而且要告诉他们为什么要这么做，以及你是如何做出决策的，这样他们就能了解背景情况，以及有效行动的界限——清楚地知道什么是他们绝对不能做的。这样，下级指挥官就拥有了后两个部分提供的工具：解释和实施，即解读不断变化的环境，并在这些环境中实施战略。

　　在开始执行一项决策之前，为了避免在前进过程中出现混乱，请先问问自己以下几个问题。

◉　哪些人需要知道我的目标和我想要努力实现的结果？

◉　他们知道最重要的目标是什么吗？

◉　他们是否知道要寻找哪些积极和消极信号？ 这些信号上有哪些绊线？

　　如果你未能给团队赋权，其中一个表现就是，你刚离开办公室一周，公司里就乱套了。有些领导者认为，这表明他们不可或缺——没有他们，团队就无法运作，正好说明了他们有多么重要。别自以为是了！ 这是自我默认值在发挥作用。高效的领导者不应该为了让团队能做出决策并实现目标而全天候待命。如果作为老板的你片刻都不能离开公司，这并不意味着你是不可或缺的，也不意味着你是一个能力超群的领导者，而意味着你是一个不称职的沟通者。

受到自我默认值影响的另一个迹象是，你坚持操控着公司或组织内的一切。优秀的领导者会确定需要完成的任务，并设定实现目标的参数。某件事实际施行的做法与他们自己的做法是否一致，他们并不在意，只要能在他们设定的范围内实现目标，他们就心满意足了。

次一等的领导者则会坚持要求，所有事情都必须按照他们的方式去做，这最终会打击团队的士气，削弱团队成员的忠诚度和创造力——这与领导者的初衷恰恰相反。

失败保险箱：束缚自己的双手，让执行过程保持在正轨上。

奥德修斯利用了绊线和指挥官意图这两种方法来保障他的决策得以顺利执行。他还让船员绑住他的手——这是他的最后一个失败保险箱，以确保他自己也能贯彻执行他的决策，这种保障措施被称为"奥德修斯约定"。

在不同的情况下，束缚自己双手的含义可能不同。如果你正在节食，束缚双手可能意味着要把家里的所有垃圾食品都扔掉，这样就没有什么可以诱惑你了。如果你在进行投资，束缚双手可能意味着每月自动存一笔钱。如果你要攀登珠穆朗玛峰，束缚双手可能意味着要确保团队中的每个人都同意，如果在预定的时间内没有到达半山腰，团队就要坚决返回。

无论你面对着什么样的决策，都要问问自己："有没有办法确保我能坚持走在我已经确定的最佳道路上？"通过思考你的选项，并预先确定行动方案，你可以腾出空间来解决其他问题。

此前，我们已经讨论过，在做决策前等待的时间越长越好；现在，我们清楚地知道，在做决策的时候，我们应该关注什么、做些什么。我们学会了设置绊线、授权他人根据这些绊线行事，还学会了束缚自己的双手，从而让我们在紧要关头不会推翻自己此前做过的所有出色的工作。

从决策中学习

如果你是一名知识工作者，你就是生产决策的人。这是你的工作性质决定的。决策的质量最终决定了你能走多远、能走多快。如果你学会了持续做出了不起的决策，你就会很快超越那些仅仅能做出不错的决策的人。

不过，在决策方面，没有人天生聪慧，不学就会。伟大的决策者往往掌握了从错误和成功中学习的能力，正是这样的能力让他们脱颖而出。它让他们能够重复成功，而不是重复失败。你也要培养出这种能力，否则随着时间的推移，你的决策过程就无法得到改进。

几年前，一家公司委托我帮助他们提高决策质量。作为第一步，我们要明确他们当时的状态。我先问了他们一个问题：当他们的决策者期待着某个特定结果出现时，这个结果有多少次是由他们所认为的原因引发的呢？

我们的发现令该公司的人感到震惊：他们的决策者只有20%的时候是正确的。大多数时候，他们期待的事情实际上发生了，却不是由他们以为的原因引发的。换句话说，即便成功，更多的时候他们凭借的也是运气，而不是自己的洞察力、努力或技巧。这个消息对于他们的自我是个沉重的打击。他们原本以为，他们的成功主要源于公司管理者和员工的能力，但是冷冰冰的数字却展示了完全不同的情况。他们就像在一些游戏中较为走运的人，没有意识到运气的作用，反而把自己的成就归功于自己"有一套"。

这个故事再次说明了我们在前文中讨论过的一种心理现象：自利性偏差，即以提升自我形象的方式评价事物的倾向。当在某件事情上取得成功时，我们往往会把它归功于自己的能力或努力。相比之下，当在某件事情上失败时，我们往往会把失败归因于外部因素。如果你想提升自己，就必须改变在出错后把整件事情讲述给自己的方式。

自利性偏差会阻碍你从决策中吸取经验教训，使你难以改进决策过程。每个人的自我默认值都希望我们认为自己比实际情况更聪明，并告诉我们，我们比实际情况更努力，知道得也更多。自我这个"恶魔"激发的过度自信让我们无法用批判的眼光审视自己的决策。它让我们无法区分技巧和运气——前者是我们能控制的，而后者是我们无法控制的。如果你被自我这个"恶魔"所困，就永远无法从自己的决策中吸取教训，也永远无法在未来做出更好的决策。

在评估自己的决策时，首先要牢记以下原则。

过程原则：当你评估一项决策时，请关注你做出决策的过程，而不是结果。

传统智慧认为，好人做出好的决策，所以会有好的结果；坏人做出坏的决策，所以会有坏的结果。但我们很容易为这个说法找到反例。我们都做过错误的决策，但我们并不都是坏人。即使是好的决策，也可能会因为生活中必然存在的不确定性而产生意想不到的不幸结果。

美式橄榄球队西雅图海鹰队的皮特·卡罗尔（Pete Carroll）教练和其他人一样，深知好的决策和好的结果之间的区别。2015 年 2 月，卡罗尔在第 49 届超级碗比赛的最后几分钟做出了一个历史性的决策，赛后立即遭到批评，说这个决策是一个巨大的错误。那时，西雅图海鹰队以 24 比 28 的比分落后，但他们已经站在了新英格兰队的一码①线上，似乎有把握得分并取得领先。在西雅图海鹰队的后场站立的是马肖恩·林奇（Marshawn Lynch），这位体重约 98 公斤的猛将可以说是当时美国国家橄榄球联盟中最具威力的跑卫，当天他在对阵爱国者队时已经跑了一百多码。下面是美国哥伦比亚广播公司体育频道的一篇报道，简要回顾了接下来发生的事情——以及今天人们是如何看待卡罗尔的决策的。

---

① 码，英制长度单位，1 码 ≈ 0.9144 米。——编者注

接下来发生的事情将永载橄榄球联盟史册，只要橄榄球赛还在继续举办……卡罗尔在第四节选择在拥挤的场地中线投掷的奇特决策将同样长久地被质疑——（并导致）贝利奇克和汤姆·布雷迪，这场比赛的最有价值球员，共同创造了他们第四个超级碗冠军的历史。

对看台上的球迷和几乎每一个观看比赛的人来说，正确的决策似乎都是显而易见的：把球交给"野兽模式"（这是人们对林奇的形容）。但卡罗尔却让四分卫拉塞尔·威尔逊（Russell Wilson）传球，最终导致了灾难性的后果。

这场比赛已经过去很多年了，人们也已经对此进行了大量的分析。为什么教练没有做出在其他人看来如此简单的选择？基于他所获得的高质量信息，他当时是在针对对手的弱点下注。赛后，一位采访者对卡罗尔说："每个人都认为这是有史以来最严重的错误。"卡罗尔的回应是：这是"有史以来最糟糕的决策结果"。他的决策过程没有问题，只不过没有实现他的意图。有时候，这就是生活。

正确的决策并不总能得到预期的结果。在现实世界中，每个做决策的人迟早都会学到这一课。扑克牌玩家就都知道这一点。即使他们牌技很好，也还是会有输的时候。在牌场上，没有什么是可以保证的。你唯一能做的就是尽自己所能，打好手中的牌。

教练卡罗尔在令人瞩目的世界赛场上做出了自己的决策，结果却很糟糕。但他对决策的信心是坚定不移的。为什么呢？因为他知道自己做出这个决策的原因，知道自己的逻辑是正确的。他所能做的就是从结果中吸取经验。

很多人认为，好的决策一定会有好的结果，而坏的决策则不会，但正如我们已经看到的那样，事实并非如此。决策的质量不是由结果的质量决定的。我想分享一个思想实验，它有助于阐明这一概念。

想象一下，你在为自己的职业生涯进行深思熟虑的考量，以做出决策。你收到了几家不同公司的邀请，一家是初创公司，另一家是《财富》500强公司。根据你当前的人生定位，你决定选择后者。在这里一开始工资较低，但这份工作似乎更稳定。

假设你有一个朋友去了那家初创公司工作。不久后，你就眼睁睁地看着他升了职，也有了更多的假期。此时你会觉得自己的决策是好的还是坏的？

现在，继续想象，这家初创公司在短短一年后迅速倒闭了。这是否会影响你对自己当初决策的感受？

希望你能明白我的意思。你无法控制初创公司能否蓬勃发展，也无法改变自己对初创公司提供高薪的感受，你只能控制你做决策的过程。决定某个决策是好还是坏的就是这个过程，而结果的好坏则是另外一个问题。

我们倾向于将决策的质量等同于决策的结果，因为结果是整个决策中最直观的部分。正因如此，我们倾向于将它作为衡量决策质量的指标。如果结果正是我们期待的，我们就会得出结论说自己做了一个正确的决策。如果结果不尽如人意，我们往往会归咎于外部因素。比如，我们会认为，并不是我们的决策过程有问题，而是我们缺少关键信息。（相比之下，如果别人得到了糟糕的结果，我们会认为那是因为他们做了错误的决策。）

显然，我们都希望有好的结果，但正如我们已经分析过的那样，好的决策也可能有坏的结果，坏的决策也可能有好的结果。根据结果（或我们对结果的感觉）来评价我们或他人的决策，无法将运气与技巧和控制力区分开来。因此，只关注结果并不能帮助我们变得更好，而只会让我们停滞不前。

如果你曾经对一个糟糕的结果耿耿于怀——一遍又一遍地问自己："我怎么会没有预料到呢？"——你就会体会到，根据事后的感受来评判自己的决策会让人非常苦恼，而且最终也毫无裨益。你会想："如果我当时和那个人（我当时并不认识他）谈谈就好了！"或者："如果我当时知道那条信息（当时它并不存在），我就会做出正确的选择。"其实，即使是最优秀的决策者，也时常会得到糟糕的结果。

做出正确决策的关键在于过程，而不是结果。一个糟糕的结果不会让你成为一个糟糕的决策者，就像一次好的结果不会让你成为一个天才一样。除非你在做决策时对自己的理由进行了充分评估，否则你永远不会知道，到底是自己真的做对了，还是单纯运气好。除非你采取措施让它显现出来，否则你在做决策时的理性思考过程在很大程度上仍然是无形的。

你所做的决策很少能 100% 成功。而那种有 90% 成功概率的决策，虽然看起来不错，但仍有 10% 的概率会出现糟糕的结果。这时，我们要重点关注长期的结果，并确保在那不幸的 10% 到来的时候，局面不会糟糕到无可挽回的程度。

图 4-5 提供了一种让你对决策及其结果进行反思的方法。

	好的结果	糟糕的结果
好的过程	你做了一个好的决策，事情正按计划进行。你理应享受成功——这是你应得的。但不要让成功冲昏你的头脑。继续按既定的道路前进，不断改进你的过程。	你做了一个好的决策，但事情并没有按计划进展。你只是运气不好而已！不要气馁。相信过程。吸取经验教训，继续改进。
糟糕的过程	你做了一个糟糕的决策，但却很幸运地成功了。你的成功并非实至名归。成功并不是因为你做对了什么，你只是走运而已。最终你会遭遇失败。趁早做出改变。成长起来，掌控自己的决策过程。	你做了一个糟糕的决策，而且运气不好。失败是你应得的。你咎由自取。现在要从中吸取教训。让它成为警钟。趁早做出改变。成长起来，掌控自己的决策过程。

图 4-5　反思决策的方法

糟糕的过程永远不会产生好的决策。当然，它仍然有可能会带来好的结果，但这与做出好的决策完全不是一回事。结果在一定程度上受运气的影响，因而有好有坏。用错误的理由得到正确的答案，这不是聪明或技巧使然，只是运气好罢了。

别误会我的意思：运气好当然也不错（前提是你得知道那是运气使然）。但获得好运并不是一个可重复的过程，并不能确保你长期都能获得好的结果。运气不是你能学会的东西，也不是你通过练习能掌握得更好的东西。运气不会给你带来优势。

当你开始把运气等同于意志时，你就一定会犯错误。如果你对自己所冒的风险视而不见，你就迟早会遇到让自己大吃一惊的局面。而当你开始把运气和技巧混为一谈时，你势必会错失从自己的决策过程中吸取教训、改进决策过程并确保长期获得更好结果的机会。

在回顾中评估自己的决策的第二个原则如下。

透明原则：让你的决策过程尽可能公开透明，接受监督。

评估别人的决策与评估自己的决策是不同的。我们很难看到别人的意图、思考或决策过程，所以很难通过结果以外的任何因素来评判他们的决策。

评估自己的决策则不同。我们可以通过决策视角深入了解决策过程本身。我们可以审视自己的思考和决策过程，区分哪些是我们可以控制的，哪些是我们无法控制的，哪些是我们当时知道的，哪些是我们不知道的。然后，我们就可以把从中学到的东西应用于下一次决策过程。当然，这些也是说起来容易做起来难。

很多人都很难从自己的决策中吸取教训。一个原因是，我们的思考和决策过程往往是不可见的。我们在不经意间对自己隐瞒了为做出最终决策而采取的步骤。一旦做出决策，我们就很难停下来反思复盘，而是继续前进。而日后回顾自己的决策过程时，我们的自我会操纵我们的记忆，会将现在所知道的东西与做出决策时所知道的东西混同。因为我们此时已经看到了结果，所以我们有可能将其解读为自己当时的意图："哦，我是有意为之的。"

如果你不仔细检查一下自己做决策时的思考过程——你知道什么、你认为什么是重要的，以及你是如何运用理性的——你就永远不会知道自己到底是做了正确的决策，还是只是运气好而已。如果你想从决策中吸取经验教训，就需要让无形的思考过程尽可能显现出来，并接受监督。下面这个保障措施可以帮到你。

保障措施：*记录下你做决策时的想法，不要依赖事后回*

忆。试图在事后回想清楚自己在做决策时的所知所想，简直是痴人说梦。

你的自我会扭曲你的记忆，让你相信那些令你觉得自己比实际上更聪明或更博学的说法。我们以为，没有人能做出比我们更好的决策。要想清楚地了解你在做决策时的思考过程，唯一的办法就是把你在决策过程中的想法忠实地记录下来。

写下自己的想法有很多好处。第一个好处是，书面记录提供了关于你在做决策时的思考过程的信息，这让无形之物变得有形。当你事后反思自己的决策时，这样的记录有助于抵消自我默认值所做的扭曲。有了记录，你就可以如实回答这样的问题："在我做出决策时，我都知道些什么？"以及"我所预想的事情是否因我考虑到的理由而发生了？"

记录想法的第二个好处是，在书写的过程中，你常常会发现自己并不像你以为的那样真正理解某事。而在针对某事做决策之前就意识到这一点，比在做决策之后意识到这一点要好得多（代价也小得多）。如果提前这样做，你就有机会获得更多信息，也能更好地把握问题的关键。

第三个好处是，书面记录可以让其他人看到你的思考过程。这样，他们就有可能从中检查出错误，并为你提供不同的视角，而这些是你原本可能看不到的。如果你不能简明扼要地向别人（或你自己）解释你的想法，就表明你还没有完全理解整件事情，还需要深入挖掘并收集更多信息。

写下你的想法的第四个好处是，它给了其他人从你的视角学习的机会。如果有一个数据库，记录组织中的每个人是如何做出决策的，那么许多组织都会从中受益。想象一下，在你的组织中，一个记录了可搜索的决策过程的数据库会有多大的价值。这样的系统可以让组织内不同部门的人互相检查对方的想法。此外，它还可以让管理层将优秀的决策者与平庸的决策者区分开来，并为大家提供决策模型——既包括该如何做，也包括该如何不做。（如果你能按照我的建议建立一个这样的系统，我希望能得到股权分红！）

但要注意，以上提及的所有原则可以帮助你得到自己想要的东西，而无法帮助你想要得到那些重要的东西。

第五部分
想要得到重要的东西

就当自己已经死了。你已经过完了你的一生。现在好好度过剩下的日子吧。

——马可·奥勒留

《沉思录》(*Meditations*)，第 7 卷

好的决策可以归结为以下两点。

一、知道如何得到你想要的。

二、知道什么值得你想要。

第一点关乎做出有效的决策，第二点则关乎做出好的决策。你可能以为它们是一回事，但其实不然。

能马上看到结果的决策，如达成交易或填补空缺，可能是有效决策，但它们未必会带来那些在生活中真正重要的东西，如信任、爱和健康。而好的决策则与你的长期目标和价值观一致，最终会为你的工作、人际关系和生活带来你真正

渴望得到的满足感和成就感。①

有效的决策会让你得到最初的结果，而好的决策会让你得到最终的结果。

所有好的决策都是有效的决策，但并非所有有效的决策都是好的决策。归根结底，做出最好的判断意味着你做出的决策能让你得到自己真正想要的东西，而不仅仅是得到你目前以为自己想要的东西。

在生活中，我们既会为做过的事后悔，也会为没能做的事后悔。一个老人在回首往事的时候，最遗憾的往往是自己没能按照自己的意愿度过一生，没能按照自己的"记分牌"比赛。

每个默认值都会在让我们后悔的事中发挥一定的作用。社会默认值促使我们接手别人的目标，即使别人的生活环境与我们的大相径庭。惯性默认值鼓励我们继续追求我们过去曾追求的目标，即使我们已经意识到实现这些目标并不会让自己幸福。情绪默认值让我们去追寻当下吸引我们的东西，哪怕以牺牲追求更重要的长期目标为代价。而自我默认值会说服我们去追求财富、地位和权力之类的身外之物，哪怕以牺牲自己和周围人的健康和幸福为代价。

---

① 这段文字在 ChatGPT 的协助下完成，我把原文导入了 ChatGPT，要求它把表述调整得更清晰流畅！

　　如果你让任何一个默认值掌控你的生活，那么后悔就是你最终的结局。不要按照别人的"记分牌"生活，不要让别人选择你的人生目标。要对自己的现状和前进方向负责。

　　真正的智慧不是来自对成功的追求，而是来自对品格的塑造。吉姆·柯林斯曾这样写道："没有自律就没有效率，而没有品格就没有自律。"

《圣诞颂歌》的教益

《圣诞颂歌》中的人物埃比尼泽·斯克鲁奇（Ebenezer Scrooge）是查尔斯·狄更斯（Charles Dickens）笔下最令人难忘的人物之一，他是贪婪和不惜一切代价追求财富的化身。圣诞前夜，三个精灵米拜访斯克鲁奇，他们向他展示了过去、现在以及可能出现的未来。在那个未来，斯克鲁奇死了，而精灵则让他能偷听到人们关于他的谈话：人们对斯克鲁奇的死感到高兴，一想起他就心生怨恨，对偷窃他的东西毫无愧意，对他不再像个诅咒一样出现在他们的生活中感到了宽慰。在看到他所做的决策的长期后果之后，斯克鲁奇感到后悔，乞求能再获得一次机会。最终，他得到了改变人生道路的机会。[①]

斯克鲁奇按照社会的"记分牌"行事——这个"记分牌"放大了我们追求等级制度的生物本能，引导我们不惜一切代价追求金钱、地位和权力。但他看到的未来让他意识到，这

---

① 这是我最喜欢的例子之一。彼得·考夫曼告诉我这个故事以后，我在任何地方都能看到它的影子。

些都不是真正重要的东西，按照别人的"记分牌"度过的人生并不值得过。他及时地意识到，成功人生的关键是拥有好的伴侣和有意义的人际关系。

你所追求的东西的质量决定了你生活的质量。我们以为金钱、地位和权力会使我们感到幸福，但其实不然。我们得到它们的时候往往不会感到满足，而是想要得到更多。心理学家菲利普·布里克曼（Philip Brickman）和唐纳德·T. 坎贝尔（Donald T. Campbell）为这一现象创造了一个术语："享乐跑步机"。① 其实，谁没有在上面跑过步呢？

记不记得 16 岁的时候，你认为自己只要有一辆车，就能幸福地度过余生？此时如果你有了一辆车，头一两个星期，你肯定兴奋异常，向所有的朋友炫耀这辆车，开着它到处兜风。你会觉得，生活简直太棒了。然后，你不得不面对现实：汽车也会带来很多麻烦，除了要支付保险费、汽油费和维修费，还有一个问题——攀比。没有车的时候，你会和其他没有车的人比。但等你有了车，你就开始和其他车主比。当你注意到身边有人买了一辆更好的车，你就不再满足于曾经让你欣喜若狂的这辆车了。你又回到了最开始的不满足状态，也

---

① "享乐跑步机"理论也被称为"享乐适应"理论，指的是不论发生什么积极或消极的外部事件，人们最终都会回到一个相对稳定的幸福基线水平上。——编者注

就是享乐跑步机上的最慢挡。攀比会偷走幸福。[1]

在社会上，相互比较或者攀比很常见。有时人们比较的是房子或汽车等财产，但更多的时候是身份地位。

我刚开始在一家大型机构工作时，脑海中的声音告诉我，只要能升职，我就会得到幸福。于是我努力工作，获得了晋升。之后的几个星期，我感觉自己像是站上了世界之巅。然后，就像那个汽车的例子一样，我不得不面对现实。我遇到了新的问题，需要承担新的责任。更糟的是，我开始和新的一群人进行比较。没过多久，我又有了之前的不满情绪。我继续升职，但没有一次升职让我感觉更幸福了。一次次的升职只让我想要得到更多。

我们告诉自己，下一个级别就足够了，但其实永远不够。你银行账户余额末尾增加的一个零不会让你比现在更满足；下一次晋升不会改变你是谁；豪车不会让你更快乐；更大的房子解决不了你的问题；社交媒体上的更多粉丝不会让你变成更好的人。

在享乐跑步机上奔跑，只会让我们变成那种我称之为"当……时就幸福了"的人——那些认为等什么事发生了之后

---

[1] 至于这句话到底出自谁之口，众说纷纭，有人说它是美国曾任总统西奥多·罗斯福（Theodore Roosevelt）说的，也有人说它出自马克·吐温（Mark Twain）或 C. S. 刘易斯（C. S. Lewis）之口，但显然都不对。

自己就会幸福的人。例如：当我们获得应得的荣誉时，我们就会幸福；当我们赚到更多钱时，我们就会幸福；当我们找到那个特别的人时，我们就会幸福。然而，幸福从来都不是有条件的。

"当……时就幸福了"的人从来不会真正感到幸福，因为当他们得到他们以为自己想要的东西时——附加条件中的"当……"那部分——拥有那个东西就成了新的常态，他们会自然而然地想得到更多。就好像他们穿过了一扇单向门，等他们走过去，门就在身后关上了。门一旦关上，他们就失去了回望的视角。他们看不到自己去过哪里，只能看到自己现在在哪里。

事情现在的样子就是我们所期望的样子，我们开始把身边的美好事物视作理所当然的存在。一旦出现这种情况，就没有什么东西能让我们感到幸福了。当我们忙着在跑步机上奔跑，追逐所有并不会让我们幸福的东西时，我们其实并不是在追求那些真正重要的东西。

斯克鲁奇是一个虚构的例子，他以牺牲真正重要的东西为代价获得了"成功"。但其实，生活中也有许多真实的例子。我曾经与这样一个人共事：他是以我们大多数人都很熟悉的方式，在竞争激烈的企业文化中爬到了大公司的管理岗位的，即所谓的"不择手段"。他在成为 CEO 的道路上遇到的人只不过是帮助他实现目标的手段而已：他想变得富有，他想受人尊敬，他想出名，他想得到地位和认可。

开会时气氛紧张，他会发很大的火。而在会后，他经常对我说："沙恩，你必须决定自己要当一头狮子还是一只绵羊。我要当狮子。"他还会引用《权力的游戏》中泰温·兰尼斯特（Tywin Lannister）的话："狮子不关心绵羊的意见。"他想让每个人都知道，他处于"食物链"的顶端。

他是一个狂热的高尔夫球爱好者，经常一周打好几场球。他从未遇到过找不到人陪他打球的问题；事实上，他经常抱怨自己的朋友太多了，没办法和每个人都打上一场球。退休后不久，他对终于有时间能和朋友们一起打球充满期待。但结果是，他的大多数"朋友"和同事都很忙，抽不开身，或者根本不再接他的电话。他经常一个月都找不到人陪他打一场球。

他原来的人际关系看似真实而有意义，但实际上，没有人愿意和他交往。他对待别人的方式就像是在做交易，人们感到自己在被利用、被操纵，并感到沮丧。他吼叫、咒骂、大发脾气。那些人和他共事是因为他们没有选择，而不是因为他们愿意。打高尔夫球对他来说很有趣，但对他当年的"朋友们"来说却是在工作。

在离开岗位一段时间后，他总结说，他一直在努力赢得一场错误的比赛。他的目标是获得财富、权力和名气——这是很多人告诉我们要去追求的目标。他将这些目标置于所有其他目标之上，并坚持不懈地追求它们。最后，他得到了他以为自己想要的一切，这个结果却让他感到空虚。他以牺牲有意义的人际关系为代价，得到了他想要的东西——到头来他才意识到，有意义的人际关系才是真正重要的东西。与故事中虚构的斯克鲁奇不同，他没有第二次机会了。

我们当中有多少人——不论处于事业的哪个阶段——都身处同样的轨道上？我们重视财富和地位胜过重视幸福，我们重视外在的东西胜过内在的东西，我们也很少考虑如何去追求它们。在这个过程中，我们一直在追求那些来自并不重要的人的赞美和认可，最终却以失去那些重要的人为代价。

我认识许多成功人士，但我并不想拥有他们的生活。他们有智慧、有动力、有机会，也有资金去利用自己的智慧、动力和机会，但他们缺少一些别的东西。他们知道如何得到自己想要的东西，但他们想要的东西并不值得被他们如此"想要"。事实上，他们想要的东西最后毁掉了他们的生活。他们缺少《圣诞颂歌》中斯克鲁奇在故事的快乐转折点上所获得的东西——那个让不快乐的大多数人和快乐的少数人区别开来的成分。

古希腊人用一个词语形容这个成分："实践智慧"（phronesis）——知道如何安排自己的生活以取得最好结果的智慧。

当你回首少年时做的决策，很可能会发现，那些决策现在看起来非常愚蠢。当时，你"偷"（或者说是"借"）了父母的车，你在聚会上喝得酩酊大醉并做了一些不该做的事（幸好那时还没有能拍照的手机），你和朋友因为一个暧昧对象吵了一架。这些决策在当时看来并不愚蠢，但为什么现在看起来会很蠢呢？因为你当时没有现在这些看待事情的角度。那些在当时看来特别重要的事——曾极大消耗你的事——事后看来却愚蠢至极。

要想拥有智慧，就需要拥有我们在本书中讨论过的每一样东西：有能力控制默认值，为理性和反思创造空间，使用有效决策所需的原则和保障措施。但是，要想成为有智慧的人，还需要更多，它不仅仅意味着知道如何获得你想要的东西，还意味着知道什么东西是值得想要的，即什么东西是真正重要的。拒绝和接受同样重要。我们不能照搬别人的人生决策，然后期待获得更好的结果。如果想过上对自己来说最好的生活，我们需要采用另外一种方式。

知道自己想要什么是最重要的事。其实，在内心深处，你已经知道该做什么，此时你只需要听从自己的建议。有时候，我们给别人的建议其实是我们自己最需要听从的建议。

幸福专家

我曾经采访过老年学专家卡尔·皮勒摩（Karl Pillemer），《没有虚度的人生》（*30 Lessons for Living: Tried and True Advice from the Wisest Americans*）这本书就是他写的。他看到许多研究声称，七八十岁，甚至年纪更大的老人比年轻人更快乐。他对此非常感兴趣："我经常与老年人打交道——他们中的许多人失去了挚爱的亲人，经历了巨大的困难，而且还有严重的健康问题——但他们仍然快乐、充实，并且在尽情地享受生活。我不禁问自己：'这是怎么回事？'"

有一天，他突然意识到：也许在幸福生活方面，老年人知道一些更年轻的人不知道的事情，或者，他们能看到一些我们看不到的东西。如果有哪个群体可以声称是幸福生活方面的专家，那一定是老年人。然而，令皮勒摩惊讶的是，并没有人对"老年人对年轻一代有什么实际建议"这个主题进行过研究。于是皮勒摩开始了长达七年的探索，希望能发现"老年人的实用智慧"。

他们的第一条经验是：人生苦短！皮勒摩说："受访者年

龄越大，（他们）就越有可能说，生命转瞬即逝。"当长辈告诉年轻人"人生苦短"时，他们并不是在危言耸听，也不是在悲观厌世。相反，他们在尽力提供一种视角，希望能激励年轻人做出更好的决策——优先考虑那些真正重要的事情的决策。"我希望我不是在 60 多岁的时候，而是在 30 多岁的时候就学到了这一点，"一个人对皮勒摩说，"这样，我就会有更多的时间来享受生活。"如果我们能把未来的"后见之明"变成现在的先见之明就好了。

时间是生命的终极货币。管理我们在地球上存在的短暂时光，其意义就像管理任何稀缺资源一样：你必须明智地使用它，要优先考虑那些最重要的事情。

通过采访这些老人，皮勒摩发现他们认为最重要的事情都是什么呢？以下是其中的一些。

- 想说什么，现在就对你在意的人说吧——无论是表达感激、请求原谅，还是获取信息。
- 尽最大努力多花时间陪伴孩子。
- 尽情享受日常生活中的"小确幸"，而不是等待那些使你快乐的"高价商品"。
- 从事自己热爱的工作。
- 用心选择伴侣；不要匆忙行动。

那些他们认为不重要的事情也同样引人深思。

- 没有人说，"想要幸福，你就应该尽你所能努力工作，多多挣钱"。
- 没有人说，"你要和周围的人一样富有，这件事很重要"。
- 没有人说，"你应该根据赚钱的可能性来选择职业"。
- 没有人说，他们后悔没有报复轻视他们的人。

人们最大的遗憾是什么呢？是杞人忧天，为那些从未发生的事情整日忧心忡忡。"杞人忧天就是浪费生命。"一位受访者说。

这些重要见解都来自那些被皮勒摩称为"关于如何在困难时期过上幸福和充实的生活，我们拥有的最可靠的专家"的人。此外，这些人还给了他一个更重要的见解。

皮勒摩让一位受访者解释了一下她的幸福源自何处。那位上了年纪的女士想了想，回答说："活了 89 年，我明白了幸福是一种选择，而不是一个条件。"

皮勒摩说："这些老人对发生在自己身上的事，和自己心中对幸福的态度，是完全分开看的，这一点很重要。他们认为，不管怎样都要幸福快乐。幸福并不是一种依赖外部事件的被动状态，也不是我们的个性造成的结果——没有人生来就是幸福的人；相反，幸福需要有意识地转变观念，在转变的过程中，每天都主动做出选择——选择乐观而不是悲观，选择希望而不是绝望。"

我们的年龄越大，就越能像马可·奥勒留那样看待问题："当你感到被外物困扰时，其实困扰你的不是外物本身，而是你对它的判断。你可以在一瞬间将其抹去。"

这样的洞见具有深刻的影响，它将幸福与我们讨论过的其他决策联系在一起。想象一下：构成你的职业和个人生活的所有决策最终都会联合起来，形成一个总的决策：幸福。你可以决定在生活中追求什么，可以决定什么是最重要的，也可以决定将你的时间、精力和其他资源用在最终真正重要的事情上。

如果有一种方法，能让我们从长辈的角度看问题，我们可能就拥有了过上更好的生活的洞察力——用和这些专家们一样的方式看到什么是真正重要的，而什么不重要。事实上，有一种古老的方法确实能让我们做到这一点：从现在开始，时刻铭记人生短暂，这样，你就可以看到什么东西才是真正重要的。

塞涅卡说过："让我们在思想上做好准备，仿佛现在的自己已经走到了生命的尽头。"如果你想要过上更好的生活，请开始思考死亡这件事。

记得你终将死去

我们来做个思想实验吧。

清空你的头脑。想象一下，你已经 80 岁了，生命即将走到尽头。在这个世界上，也许你还有几年时间，也许只剩几个小时。在一个美丽的秋日，你坐在公园的长椅上，看着眼前的小河。你听到空中迁徙的候鸟的鸣叫，河水汩汩流淌，树叶沙沙掉落，轻轻地飘落到地面上。有一家人走过，父母牵着蹒跚学步的孩子的手。

在这张长椅上，你想坐多长时间就坐多长时间，不用着急。

现在，好好思考一下。在你想象的这种生活中，正在发生什么？都有谁在？你在哪些方面影响了他们？你为他们做过什么？你让他们感觉如何？你完成了什么事情？你有哪些财产？在最后的这些日子里，你觉得什么最重要？什么看起来并不重要？哪些回忆让你倍感珍惜？哪些事情让你感到后悔？你的朋友们对你有什么样的评价？你的家人呢？

将我们的视角转移到生命的尽头，假装在回望自己的一生，可以帮助我们深入了解真正重要的事情是什么。这样做可以帮助我们变得更有智慧。

暂时"快进"到生命快要结束的时刻，回望现在，在当下占据我们注意力的那些恐惧和欲望会被推开，退至一旁，为那些对我们的整个生命更有意义的事情腾出空间。史蒂夫·乔布斯（Steve Jobs）用下面这些话表述了这个想法。

记得自己会很快死去是我所知道的最重要的方法，它可以帮助我做出人生的重大抉择。因为几乎一切事物——所有外界的期待、所有的骄傲、所有对尴尬或失败的恐惧——这些东西在死亡面前都会烟消云散，只留下真正重要的东西。记得你终将死去，这是我所知道的避免踏入"你会失去一些东西"这个思维陷阱的最好方法。

这种视角的转变让我们能够把未来的"后见之明"转化为现在的先见之明。它给了我们一张地图，为我们指引方向，帮助我们走向未来。如果能用这种方式看待生活，许多人会发现，自己目前的方向与自己想要的结果并不完全一致。看到这一点是件好事！知道自己走错了方向，是重回正轨的第一步。当你明确了什么是真正重要的东西，你就可以开始问自己："我是在正确地利用我有限的时间吗？"

乔布斯有一个日常仪式。每天早上，他都会看着镜子，问自己："如果今天是我生命中的最后一天，我还想去做今天要做的事吗？"他说，每当连续很多天的答案都是"不"的时候，他就知道自己需要做些改变了。忘了具体从哪一天起，我也开始进行同样的仪式，这也是我最终决定离开此前供职的情报机构的原因之一。我们都有不顺心的时候，但当这个问题的答案日复一日、一周又一周都是"不"的时候，你就知道，是时候做出改变了。

当你做这个练习时，你可能想到了自己的人际关系。也许你想起的是你和你的伴侣一起在沙发上相拥而泣的场景，或是你们度过的一个浪漫的周末，又或是你们手牵手在海滩上散步的样子。也许你想起的是你的婚礼，也许是你和你的孩子们在一起的快乐时光，也许是你在朋友身边陪伴或是他们在你身边陪伴的日子。

或者，也许你想起的是那些让你遗憾的事情，比如那些你本可以抓住却没有抓住的机会：没有大胆追逐的梦想；没有开始的创业计划；没有纵身一跃的爱情；没有成行的旅程……你因不想受到伤害而犹豫不决，你怕自己可能看起来像个傻瓜而没有尝试做一些不一样的事。

杰夫·贝索斯做了一个类似的思想实验。

我想象自己80岁了，然后说："好吧，现在来回顾一下我的人生。我想尽量减少遗憾。"……我知道，我80岁的时候，我不会后悔曾经尝试做（亚马逊）。我不会后悔参与这个叫作互联网的东西，我当时认为这将是件了不起的事。我知道，如果失败了我不会后悔，但如果没有尝试过，我反而可能会后悔。我知道，如果我现在不去勇敢地尝试一下，日后这个念头每天都会来侵扰我，所以，当我这样想的时候，做出决策就变得极其容易。

我们对自己没有去做的事情感到的遗憾要远远超过自己做过的事情。试过之后失败的痛苦可能很强烈，但至少它往往会很快消退。没能去尝试的遗憾和痛苦虽然不那么强烈，但永远都不会真正消失。

与财产所能带来的东西相比，财产本身没那么重要。我猜，在思想练习中，你不会认为你所住的房子是一项投资。如果它出现在你的脑海中，它大概是你的人际关系和回忆中的事件的背景——家庭晚餐、欢笑、眼泪、聚会、你和你的伴侣一整天都赖在床上的时光、棋盘游戏比赛、门口记录着孩子们每个年龄段的身高的那些标记。

我猜你并没有回想当年看《绝命毒师》《曼达洛人》和《单身汉》这些电视剧的时光。你很可能也没有回想你花在通勤上的时间，还有你听过的播客或有声书。也许你想到的是，这些时间至少有一部分可以用来与家人和朋友保持联系，或者用来写你一直想写的那本书。

你可能想起了那些你没有达到自己的要求的时刻——我们都曾经在某些时候做过这种事。也许你发了一封措辞不当的电子邮件，或者你情绪失控，对你所爱的人大喊大叫。也许有一次你说了违背自己本意的话，而你只是为了引起对方的反应，因为在那一刻你不知道怎么告诉他们你爱他们或者你有多么害怕。也许有一次有人说他们需要你，你却在忙着做自己认为重要的事而没有帮忙。

你可能会想到你对自己的社区、城市、国家或这个世界的影响——或者你并没有产生这种影响。你也许会想到自己的健康状况。你有没有竭尽所能让自己的身体做好准备，好让自己活到 80 岁、90 岁，甚至 100 岁呢？你有没有好好照顾自己，从而也能够照顾好别人呢？

那些在当时看来并不重要的微小时刻，积累起来之后对生活满意度的影响，远远超过那些我们所认为的决定性时刻产生的影响，比如升职或买新房子。归根结底，日常生活中的平凡时刻比拿到大奖的时刻重要得多。换言之，"小确幸"胜过大惊喜。

来自死亡的人生教训

生命并不短暂，只是我们荒废太多。

——塞涅卡

《论生命之短暂》（*On the Shortness of Life*），第一章

透过"死亡"这个镜头来评价自己的人生，是自然的、有力的，也许还有点可怕。透过这个镜头，那些重要的事会变得很清晰。我们会看到"我们是谁"和"我们想成为谁"之间的差距；我们会知道自己身在何处，想去哪里。如果没有清晰的认识，我们就会缺乏智慧，把此时此刻浪费在不重要的事上。

就我个人而言，通过这个思想实验，我对自己的人生有了更客观的认识。而且，它让我想要成为更好的自己。

最初，我想到的是那些我想为别人做的事情。当我爱的人需要我时，我在他们身边吗？ 我有没有为最亲近的人留出时间？ 我是不是自己内心渴望成为的那种伴侣——始终关爱、支持对方，也忠于自己浪漫且俗气的一面？ 我是一个好父亲

吗？我有没有去旅行，去看看这个世界？我值得信赖吗？我在社区里积极参与公共事务吗？我帮助过别人完成他们的梦想吗？我让世界变得更美好了吗？

当你知道了自己的目的地，如何到达那里就会变得更加清晰。正如亚里士多德所言："认识至善对于了解何为最佳生活方式具有重大意义：如果我们知道何为最佳生活方式，我们就像有了目标的弓箭手，那时才更有可能射中正确的目标。"

有一次，我的几个孩子发现，走迷宫时，倒着走比正着走更容易，特别是它比一般的迷宫更难或更复杂的时候。他们意识到，把终点当作起点，能让他们更容易决定走哪条路。总的来说，生活也是如此。

如果这是你生命中的最后一年，你还会像今天这样生活吗？有一天，我在午餐时向一位朋友提出了这个问题，他很快回答道："我会花掉所有积蓄，透支信用卡，并尝试一些刺激的事。"

其实，想想自己90岁的时候，你就会明白，刷爆信用卡或做刺激的事并不会让你更快乐。对很多人来说，想到死亡并不太可能让我们想去挥霍金钱。我相信你不会在生命中的最后一年里忙着查看电子邮件、贬低他人，或者想要向你叔叔证明，你在某个感恩节跟他就政治问题争论时，你是多么正确。

当你想象年长的自己和后来的你希望自己的生活是什么样子的时候，你就不会再去想那些促使你被动做出反应而没有积极主动思考的小事。你会开始看到，对你真正重要的东西是什么。小事看起来很小，而那些真正重要的事会开始变大。从这个角度看，你会更容易走向你真正想要的未来。你可以看到你所在的地方和你想去的地方之间的差距，并在必要时改变前进方向。

比如，在做完这个思想实验后，我开始好好吃饭，多多睡觉，定期锻炼。为什么呢？因为要想活到 90 岁、去做所有我渴望做的事，我需要保持身体健康。同样地，在做完这个思想实验后，我显然想成为一个更有存在感的父亲。因此，我减少了在孩子们身边使用手机的次数，并养成了和他们多交流的日常习惯：每天他们回家后，我们会坐在沙发上，聊一聊他们在学校度过的这一天。毫无疑问，这些都是很小的变化，但它们为我自己和我重视的人带来了很大的影响。

在坚持做这个思想实验时，我想到：离开这个世界后，人们会怎样评价我呢？而那时我已经没有机会回应。人们到底会说些什么？

不管他们会说什么，我现在都有机会改变他们的说法——趁我还有时间。人们说的肯定不全是好话，所以这意味着我还需要修复一些关系。不过，我现在就能做到。我可以成为一个心胸更宽广的人。为什么呢？ 因为这对我来说很重要。

　　智慧就是懂得把未来的"后见之明"变成现在的先见之明。当下看似重要的东西在一生中往往不是真正重要的东西，而在一生中真正重要的东西，在当下也总是重要的。

　　此刻看似获得的胜利，往往只是浅薄的胜利。它在获胜的那一刻看起来很重要，但当你把生活作为一个整体来看时，就不那么重要了。当我们没有朝着我们最终想去的方向发展时，我们就会对自己的结局感到遗憾，而避免后悔是生活满意度的一个关键组成部分。

良好的判断力和美好的生活

　　良好的判断力，首先意味着能有效地获得那些真正重要的东西——不是只在当下重要的东西，而是在一生中都重要的东西。不是要弄清楚今天如何取得成功，而是要理解我们为什么以及如何需要依据自己头脑中的结局来建构我们的生活。良好的判断力首先意味着拥有智慧。

　　智者知道真正有价值的东西是什么。他们比任何人都清楚，人生只有一次，没有草稿，也没有重启按钮，无法回到以前的某个时间点重来一遍。他们不会浪费时间在享乐跑步机上追求无谓的抱负。他们知道真正的财富是由什么构成的，并努力保护它——无论众人可能会怎么想、怎么说。

有时候，拥有智慧的代价是其他人会把你当作傻瓜。这也难怪：傻瓜不明白智者所做的事。智慧的人能看到生活的方方面面：工作、健康、家庭、朋友、信仰和社会。他们不会专注于某一部分而忽视其他部分，相反，他们知道如何协调生活的各个部分，并按其占比追求每个部分。他们知道，以这种方式获得一种和谐的状态，可以使生活美好、有意义，同时也会受到别人的赞美。

如果你想培养良好的判断力，先问自己两个问题："我想在生活中得到什么？ 我想要的这些东西真的值得我去追求吗？"在你能给出第二个问题的答案之前，世界上所有的决策建议都对你没有太大用处。如果这些东西不能使你幸福，知道如何获得你想要的东西就没有什么益处。如果在生命的尽头，你对自己的一生心存悔意，想重新活一遍，那么无论你在获得权力、名声或金钱方面有多么成功，都没什么意义。

结论：清晰思考的价值

　　良好的判断价值高昂，而失误的判断会让你付出很大代价。

　　这本书中最重要的信息是，有一些看不见的本能在破坏我们的良好判断力。你的默认值会怂恿你不假思索地做出反应，让你无意识地生活，而不是在深思熟虑后生活。

　　当你的默认值占据上风时，你就是在参加一场注定赢不了的比赛。当你按照"自动驾驶模式"生活时，就会得到糟糕的结果，让事情变得更糟。你会说一些无法收回的话，做一些无法撤销的事。你可能完成了你的近期目标，但没有意识到，你已经使得自己的最终目标更加难以实现。所有这些都是在你没有意识到自己要首先行使判断力的情况下发生的。

　　大多数关于思考的书籍只关注如何帮助读者变得更加理性，却忽略了一个根本问题：大多数判断失误都发生在我们不知道自己应该做出判断的时候。之所以会出现这种情况，是因为我们的潜意识在驱动我们的行为，让我们无法参与决定自己应该做什么的过程。你并不是有意识地主动选择和自己的伴侣争吵，但你却发现自己说了一些伤害对方的话，而这些话无法收回。你并不是有意识地以牺牲家庭为代价去追求金钱和地位，但你却发现自己与生命中最重要的人在一起度过的时光越来越少。你并不是有意识地要为自己的想法辩解，但你却发现自己对任何批评你的人都心存怨恨。

要想从生活中得到自己想要的东西，关键在于认清世界是如何运转的，并使自己与之保持一致。人们常常认为世界应该以不同的方式运转，而当他们没有得到自己想要的结果时，他们就会试图通过责怪他人或环境来逃避自己的责任。逃避责任是痛苦的一大来源，而且这种做法与培养良好的判断力背道而驰。

事实证明，与其说提高判断力意味着收集并积累更多的思考工具以强化理性，不如说它意味着实施保障措施，让自己理想的道路成为阻力最小、最顺畅的道路。提高判断力，也意味着在最佳状态下设计好自己的系统，让它在你处于最差的状态时也能为你所用。这些系统并不能消除你的默认值，但它们能帮助你识别默认值什么时候在发挥作用。

管控好自己的默认值需要的不仅仅是意志力。默认值在我们的潜意识层面发挥作用，因此，要对抗默认值，需要使用同样强大的力量，将你的潜意识拉向正确的方向，这些力量包括习惯、规则和环境。要对抗固有想法，就必须采用相应的保障措施，让无形的东西显现出来，防止你过早做出反应，贸然采取行动。这需要你培养一些思维习惯——自我问责、自我认识、自我控制和自信——让你走上正确的道路，并在这个道路上持续前进。

你在判断力方面取得的微小进步往往很难被感受到，直到它们积少成多，才会显现出来。渐渐地，随着进步的累积，你会发现自己花在解决问题上的时间越来越少，因为这些问题一开始就不应该存在。你会发现自己生活中的各个部分融合在一起，和谐共存，而你的压力和焦虑少了，快乐则多了起来。

良好的判断力无法被教会，但能被你学会。

致谢

这本书中的内容大多是我从别人那里学到的一系列知识。不仅书中的深刻见解来自他们,而且如果没有他们,就不会有这本书。

我要感谢我的两个特别优秀的孩子:威廉(William)和麦肯齐(Mackenzie)。他们透过充满好奇心的眼睛将这个世界呈现在我面前,还为我在现实世界中检验这些想法提供了一片沃土。

我要感谢我的父母,谢谢他们对我的支持、鼓励和一如既往的信任。爸爸妈妈,我爱你们。我们之间的关系也曾面临充满挑战的时刻,不过我们还是留到下一本书再说吧。因为有你们,我才写完了这本书。我还要感谢我的高中英语老师邓肯(Duncan)先生和我的高中好友斯科特·科克里(Scott Corkery),你们的友谊(和家人)永远改变了我的人生轨迹。

说到这本书的内容,我要感谢的人太多了,所以,在致谢名单里,难免挂一漏万。

我很幸运能向很多人学习,不过也许没有人比彼得·考夫曼给予我的指教更多。本书中的许多经验教训和深刻见解都来自我们多年来无数次的谈话。我对我们的友谊心怀感激。

查理·芒格、沃伦·巴菲特、安德鲁·威尔金森(Andrew

Wilkinson）、克里斯·斯帕林（Chris Sparling）、詹姆斯·克利尔、瑞安·霍利迪（Ryan Holiday）、尼尔·埃亚勒（Nir Eyal）、史蒂夫·坎布（Steve Kamb）、迈克尔·考迈耶（Michael Kaumeyer）、摩根·豪泽尔（Morgan Housel）、迈克尔·莫布森（Michael Mauboussin）、亚历克斯·邓肯（Alex Duncan）、凯特·科尔、纳瓦尔·拉维坎特、吉姆·柯林斯、托比·卢克、安妮·杜克、黛安娜·查普曼（Diana Chapman）和兰德尔·斯图特曼，他们对我的思想产生了有意义的影响。事实上，他们的许多想法已牢牢根植于我的内心，已经和我自己的想法融为一体。如果你喜欢这本书，你应该去详细了解他们的想法，并效仿他们。

写书不是短跑比赛，而是一场马拉松，一路上有很多人给了我帮助。感谢让我开始写这本书的阿里尔·拉特纳（Ariel Ratner），以及"写作顾问"网站的威廉·贾沃斯基（William Jaworski）、埃伦·菲什拜因（Ellen Fishbein）和塞缪尔·南丁格尔（Samuel Nightengale）。他们花了很多时间来编辑和修改我的书稿，书中的一些部分与其说是我写的，不如说是他们的心血。蕾切尔·德沃（Richelle DeVoe）和"笔名"团队帮助整理和实现了我头脑中的一些想法。此外，我们都应该感谢乔·伯科威茨（Joe Berkowitz），他删掉了书中的多余枝蔓，使其更显精简。

我也要感谢我的第一批读者，他们提供了深刻的见解和很多建议：特鲁迪·博伊尔（Trudy Boyle）、莫琳·坎宁安（Maureen Cunningham）、塞塔雷·兹艾博士（Dr. Setareh Ziai）、罗布·弗雷泽（Rob Fraser）、扎克·史密斯（Zach Smith）、惠特尼·特鲁希略（Whitney Trujillo）、埃米丽·西格尔（Emily Segal）和西蒙·艾斯基尔森（Simon Eskildson）。非常感谢 FS 团队的成员们：维基·科森左（Vicky Cosenzo）、里安农·博宾（Rhiannon Beaubien）、多尔顿·马伯里（Dalton Mabery）、德布·麦吉（Deb McGee）、劳里·拉钱斯（Laurie Lachance）和亚历克斯·格奥尔基（Alex Gheorghe）。他们在我写这本书时让一切正常运转。

另外，要感谢 Portfolio 出版社和企鹅兰登书屋的团队使这本书得以面世。感谢编辑界的迈克尔·乔丹（Michael Jordan）——尼基·帕帕祖普洛斯（Niki Papadoupoulos），在本书写作过程中，我一次又一次地错过截稿日期，而她总能耐心等待，并始终相信我能最终完稿。感谢我的经纪人雷夫·萨加林（Rafe Sagalyn），在整个出版过程中，他对我起到了重要的指导作用。

还有很多很多人，谢谢你们。你们信任我，并愿意为我付出宝贵的时间，你们对我的信任远远超过了这本书的价值。我希望你们投资在阅读这本书上的时间能在未来的岁月中得到回报。

祝福各位！